零基础时装画手绘教程

彩铅表现技法精讲

陆晓彤 著

时装设计师养成书系

化学工业出版社
·北 京·

内容简介

本书是一本系统讲述时装画基本知识和彩铅技法的图解式教程。彩铅是时装设计师们常用的工具之一，其色彩丰富、笔触细腻、易于叠色，技法较为简单，容易为初学者所掌握。书中重点讲解普通绘图彩铅、水溶性彩铅、油性彩铅和色粉彩铅四种常用彩铅的表现技法。从时装画的人体比例入手，结合服装在人体上呈现的褶皱、廓形等，讲解服装上常见图案及服装材质的上色技巧，包括皮革、涂层面料、皮草、呢料、针织、流苏、亮片、印花等。同时，详尽演示了包括礼服、职业装、休闲装、童装等众多服装款式的上色步骤。

全书内容系统清晰、文字简洁，非常适合作为高等院校、大中专院校的教材使用。即使是没有手绘基础的零基础读者，也能跟着书中的讲解一步步掌握彩铅时装画的技法。

图书在版编目（CIP）数据

零基础时装画手绘教程：彩铅表现技法精讲/陆晓彤著. —北京：化学工业出版社，2024.3
（时装设计师养成书系）
ISBN 978-7-122-44796-8

Ⅰ.①零… Ⅱ.①陆… Ⅲ.①时装—铅笔画—绘画技法—教材 Ⅳ.①TS941.28

中国国家版本馆CIP数据核字（2024）第041746号

责任编辑：孙梅戈　　文字编辑：刘　璐
责任校对：宋　夏　　装帧设计：对白设计

出版发行：化学工业出版社（北京市东城区青年湖南街13号　邮政编码100011）
印　　装：北京瑞禾彩色印刷有限公司
889mm×1194mm　1/16　印张12½　字数280千字　2024年4月北京第1版第1次印刷

购书咨询：010-64518888　　售后服务：010-64518899
网　　址：http://www.cip.com.cn
凡购买本书，如有缺损质量问题，本社销售中心负责调换。

定　　价：79.80元

Forword 前言

学习时装画有各种不同的原因，有的想要设计出自己心仪的造型，有的单纯地想画出漂亮的衣服，或是想学会后运用到相关的工作中，等等。不论目的为何，我们可以通过多种途径，采用多种方法了解和学习时装画。

时装画的表现重点是服装，时装画中的服装应具备有辨识度的廓形和色彩，让人可以直观地感受到衣服穿在人体上的效果。想要将时装画表现得清晰易懂，就要在服装的款式和结构、人体动态比例、色彩搭配、面料细节纹理等方面下功夫，在日常生活中多多观察，通过不断积累和归纳提升在绘画时对整体感觉的把控。

风格是具有个人特色的绘画喜好，风格可以使时装画区别于款式图和效果图。从时装画、效果图到款式图，三者的风格倾向逐渐减弱。时装画的自由度高于后两者，但是与效果图的界限相对模糊，如一些服装大师们的手绘稿，我们会从时装画和效果图的双重角度去观看欣赏。

关于绘画方式，纸面手绘和电脑绘图两种各有优点。纸面手绘的描绘步骤是明确的，画面会逐渐丰富细致起来，但是修改和反复绘画的可能性较低；电脑绘图在效率和修改上有显著的优势，同时在色彩的选择和素材使用方面也非常便利，但有时会缺乏手绘的灵活性和画材带来的偶发性。无论选择哪种绘画方式，都需要对绘画的基本原理、方式方法以及步骤过程有一定的认识，并多加练习，选择适合自己的技法才能获得满足自己需要的画面效果。

本书中的时装画，展现的是相对基础写实的人物服装造型。就不同面料的特色和实用的人物动态进行分步骤描绘和解说。选用的画材是纸本和彩色铅笔（彩铅）。彩铅现已发展出多种类型，如油性的、水溶的、粉状的，在画面笔触表现上更加丰富。多种不同材质的彩铅组合使用，可以在描绘面料时更好地表现面料肌理和特色，满足对不同画面效果的追求。同时，使用适合表现彩铅颜色的专用纸更便于绘画和显色。彩铅时装画的绘制时间较长，进展相对缓慢，着色过程需要细细地排线或叠加，有些效果需要重复多次操作。但是彩铅作为硬质笔尖画材，学习和掌握起来比较简单，十分适合初学者。

在练习的过程中，我们通常会借鉴已有的现实服装，从分析素材开始，到起稿、铺大色，直至完成整体造型，这是画面逐渐具象化的过程，完成的服装效果也更具有真实感。而原创设计的过程，是把“碎片”归纳起来的过程，服装的形象由模糊到逐渐清晰，因而创作型的时装画大都更为抽象和简练。练习和原创设计既有联系性，又有差异性，我们需要学习如何把练习中学到的方法运用到原创设计上，让脑海中的创意更加清晰地表达出来。

每个人对服装的感受和体会各有不同，当我们掌握的技法逐渐熟练，方法应用得更为灵活，在创作时装画时个人的风格就会自然呈现。如果本书能为各位读者踏入专业领域时提供帮助，为大家今后的职业生涯打下良好的基础，我将不胜荣幸。

陆晓彤

Contents 目录

Chapter

第一章 01

工具与基础技法

Chapter

第二章 02

时装画中的人物与服装

第三章 Chapter 03

不同性质彩铅完全步骤表现

第四章 Chapter 04

不同类型的时装表现

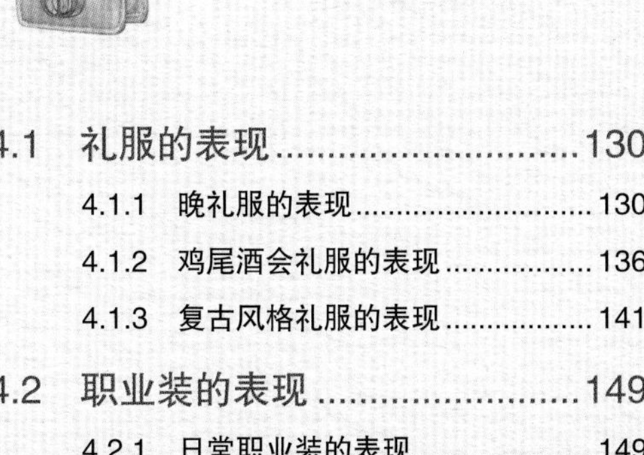

Chapter 01 第一章 工具与基础技法

1.1 时装画的重要作用

随着时尚产业的发展，开设时装设计专业课程的高等院校越来越多。各大院校的课程设置无论怎样变化，有一门课程始终被放置在极为重要的位置，这就是时装画。就专业设计师而言，绘制时装画的能力是其必须具备的基本职业素养。时装画的重要性可在以下几个方面体现出来。

创意的表达

时装画作为一种媒介，可以让设计师更加明确地传达设计意图和构想。它的可读性及视觉效果都会影响信息接收者的感受。换言之，时装画本身所承载的信息是至关重要的。

站在观看者的角度，观看者希望能从时装画中了解到设计师的设计风格，服装的款式、用料甚至是搭配组合等。除了实物展示以外，一种有效到位的方式就是将多样化的信息简化为图形图像去表达。

时装画作为时装设计表达的途径之一，可以有不同的诠释，它可以被单纯地看作是创作信息的承载物，亦可被看作具有时代性、风格性的艺术类绘画作品。在各式的服装设计作品中，观看者能明确地感受到不同设计师的设计风格，而设计师也可在时装绘画中体现出个人特色。

一般而言，用于创意表达的时装画是在不偏离实际太多的情况下进行最优化的视觉传达，通过选择性地美化，相应地变形和完善，将设计师脑海中的创意具象化。

设计流程的必要环节

设计从开始到结束或许并没有特别明确的节点。有些设计可能来自梦境，也可能来自生活的经历、一个事物的启发，抑或是设计师的某种情感等。而设计的无限可能不仅体现在其最后的成品状态，也体现在思维方法的选择上。对于不同的设计师来说，这一过程是极其重要的，其中的每一步都有可能因为选择的转变而改变最终的结果。

在这里仅跟读者交流设计过程中基本具备的环节：从灵感或是触动的产生，设计元素的价值性衡量，材料、颜色、触感的搭配选择，重点细节的分析构思，到实施的流程规划、实际操作以及最终的视觉感受等。以上提及的每一个环节都是穿插进行的，或许会因其中的某个环节被推翻而需重新设计，所以一种适合个人的、有效的设计思维模式应被建立起来。

在设计过程中，时装画的绘制始终贯穿其中。具体来说，你需要了解：不同类型的服装用何种风格的时装画来表现最为合适；什么工具、什么材料才能最恰当地表现出所选面料的质感；在整个设计流程中，时装画的绘制时间如何控制以及应深入到何等程度等。只有保证每个环节的顺利进行，设计流程才能有条不紊地展开。

艺术的表现手段

对于“艺术”这个词有无数来自不同领域的学者进行解说，而它在不同的领域自有其表现形式和价值。

就时装画的艺术性而言，设计者内心缪斯的形象，大致决定了时装画的线条和轮廓；对颜色的敏感度和对材料的感受会影响设计者选择不同的材料、工具和表现手法；平面或立体的视觉传达方式改变着信息接收者的视觉体验。这些都取决于设计者的学识和修养，设计者需要通过尝试和借鉴不同领域的艺术表现方法来丰富和拓宽时装画的表现力。

所以希望读者能通过各种途径来感受时装画的艺术性，而表现水平则需要通过不断的练习来提高。每个人的感受力和表达方式不尽相同，可以采取对个人来说最为适合的方式。

1.2 彩铅时装画所需要的工具

即便是使用单一的彩铅工具和常规的表现技法，也能绘制出完成度非常高的时装画作品。但是，如果要更为高效地完成作品，或是使画面效果更加丰富、更具艺术感染力，就需要综合运用多种工具，进行多元化的技法表现。

1.2.1 不同性质的彩铅

彩铅大致可分为水溶性和非水溶性两种。相比水彩、水粉、油画等需要大量辅助材料的绘画工具，彩铅是较便捷的选择。

绘图彩铅

绘图彩铅的铅芯偏硬，适合进行细节刻画，但考虑到覆盖性的问题，使用时应注意涂抹次数。绘图彩铅的色彩较为细腻并且颜色梯度分阶大，使用方法可以参考素描绘画的表现手段。

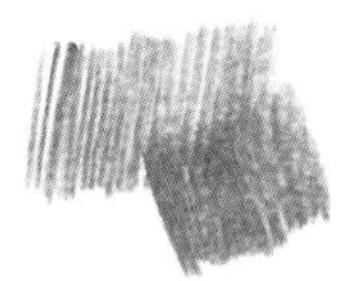

水溶性彩铅

水溶性彩铅属于功能较多的一类彩铅，可以直接干画，干画后加水晕染，磨成粉末溶于水绘制或者与其他材料一同混合使用。直接干画的颜色鲜艳，有一定的覆盖力，笔触感会弱于非水溶性彩铅。水溶性彩铅溶水后会有水彩画的效果。

水溶性彩铅有普通彩度和重彩之分：前者遇水后的色彩效果与干画时相比明度和饱和度要更高，并且变得更加通透；后者的颜色牢固稳定，加水晕染可达到水墨颜料般颜色强烈、鲜明和半透明的效果。重彩彩铅的铅芯较软，易于着色。

油性彩铅

油性彩铅为蜡质彩铅，色彩鲜艳，易于上色，有较好的覆盖性，可多色叠加使用。同时有多种硬度的铅芯可以选择：硬质铅芯非常适合细节刻画，中性硬度铅芯的画面效果较为写意，软质铅芯的画面质感细腻、色彩密度高且稳定不易褪色。

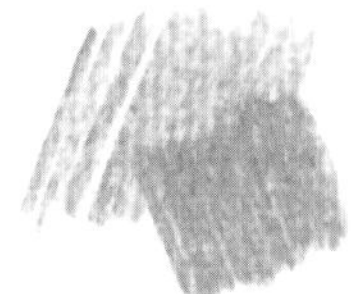

色粉彩铅

色粉彩铅可以直接干画，也能溶于水，溶水效果与普通彩度的水溶性彩铅相似。色粉彩铅的铅质是松散的粉末状，适合作为前期色调的铺垫和肌理的表现，覆盖性较强，也适合与其他材料混合使用。

1.2.2 知名的彩铅品牌

彩铅的色彩细腻，不同品牌的彩铅会有一定的色差，笔尖的触感也有细微的不同，会对画面效果产生微妙的影响。好的彩铅色彩或艳丽或雅致，叠色效果好，颜色牢固。下面的一些彩铅品牌深受艺术家和设计师的喜爱，大家可以根据自己的需求进行选择。

得韵（DER WENT，英国）

得韵创立于1832年，是欧洲最为知名的画材品牌之一，彩铅是其享有盛誉的品种，有Artists、Watercolour、Inktense、Studio、Drawing、Coloursoft和Pastel等多个系列可供选择。

其中，Artists系列色彩明丽，质地细腻；Inktense系列的颜色非常艳丽，溶水后能形成彩色墨水的效果；Studio系列的笔芯透明度高，笔芯较硬，适合绘制细节；Pastel系列的粉质细腻，极易叠色。

得韵品牌的彩铅系列

施德楼（STAEDTLER，德国）

施德楼是欧洲历史最悠久的文化办公用品生产商之一。早在1834年，品牌创始人 J.S.施德楼就发明了彩色铅笔。施德楼的彩铅选用优质的木材，手感极佳，色彩鲜亮、浓烈而润泽，深受专业画家和设计师的喜爱。

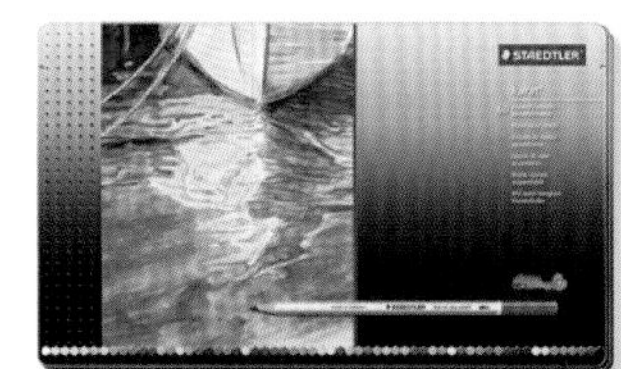

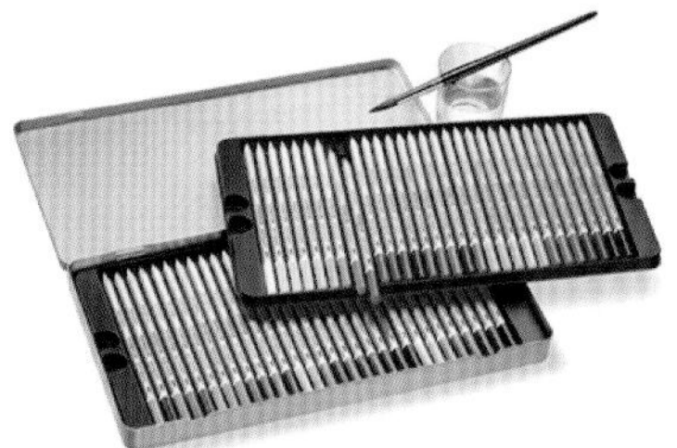
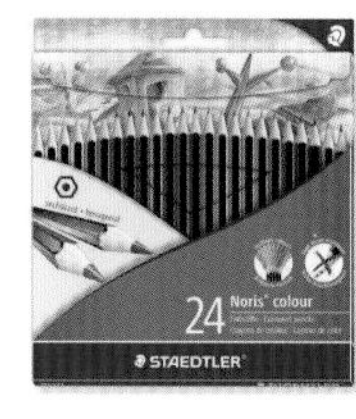

施德楼品牌的彩铅系列

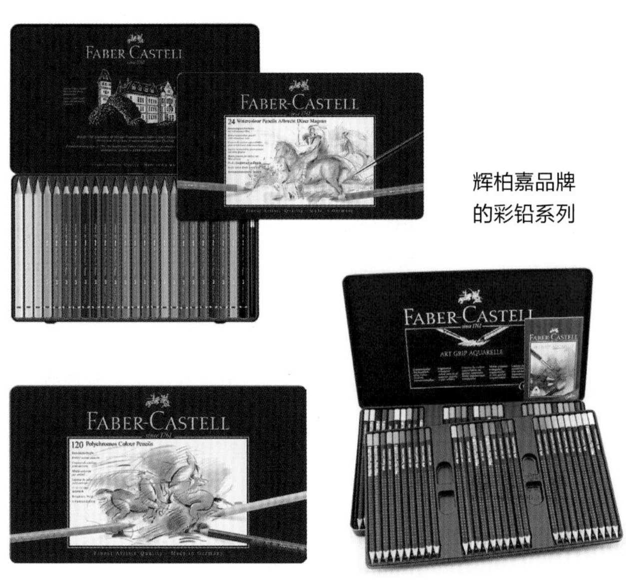

辉柏嘉品牌的彩铅系列

辉柏嘉（Faber-Castell，德国）

辉柏嘉创始于1761年，是欧洲最古老的工业企业之一。辉柏嘉的彩铅在笔芯中都加有SV胶，因此笔尖不容易折断。它最值得称赞的是油性彩铅和水溶性彩铅。前者的质地细腻，色彩艳丽，容易叠色；后者的色彩鲜艳，但水溶后透明度稍弱。

艺雅（Lyra，德国）

艺雅的彩铅根据配色分为肤色系、灰色系、金属色系和伦勃朗色系。色彩非常和谐，附着力较强，笔尖有一定的颗粒感。油性彩铅的笔尖顺滑度和叠色效果都非常出色。

凯兰帝（Caran d'Ache，瑞士）

凯兰帝是瑞士的画材品牌，该品牌产品具有精细、温润、干净以及柔和的特点。凯兰帝的彩铅质量非常好，其水溶彩铅是全球公认的最好的水溶性彩铅，质感细腻，透明度高，颜色干净漂亮；其油性彩铅色牢度好，颜色的附着力强且具有一定的覆盖力，颜色也非常漂亮。凯兰帝是画材中的“奢侈品”，价格较高。

荷尔拜因（Holbein，日本）

荷尔拜因在国内也被称为“浩宾”。该品牌创建于1900年，产品以西洋画材和传统日本画材为主。荷尔拜因的彩铅也非常优秀，色彩考究，手感极佳，其特有的日本色系的色彩搭配非常清新。

三菱（Uni，日本）

虽然三菱以发明圆珠笔而闻名于世，但其画材也拥有值得称赞的品质。三菱彩铅的色系极为齐全，色彩鲜亮艳丽。其中的“水彩色铅笔”初看平平无奇，水溶后效果极为惊艳。

培斯玛（Prismacolor，美国）

培斯玛来自美国最有名的画材供应商，国内俗称三福霹雳马，该系列的彩铅笔芯较软，易上色，顺滑度较好。其中，油性彩铅具有较强的覆盖力，尤其适合在有色纸上作画，而且价格不高，性价比较高。

除了上述品牌，还有思笔乐（Stabilo，德国）、酷喜乐（KOH-I-NOOR，捷克）、樱花（Sakura，日本）、蜻蜓（TOMBOW，日本）、MUNHWA（韩国）、利百代（中国台湾）、马可（Marco，中国）和真彩（Turecolor，中国）等品牌的彩铅可以选择。

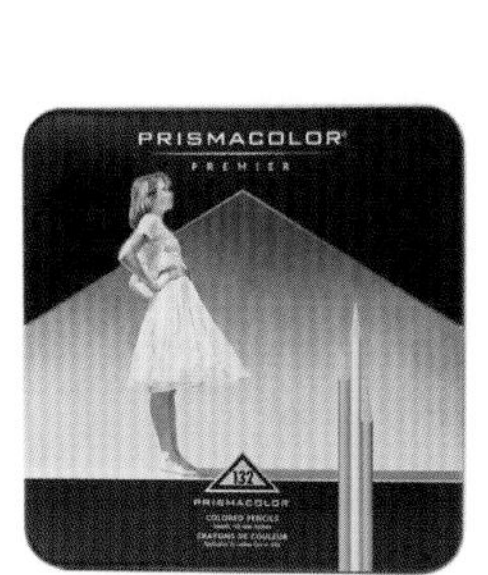

培斯玛品牌的油性彩铅

艺雅品牌的伦勃朗油性彩铅

荷尔拜因品牌的水溶彩铅

凯兰帝品牌的水溶彩铅

三菱品牌的水彩色彩铅

1.2.3 辅助工具

除了彩铅外，在时装画的绘制中还需要其他的辅助工具。如果想要获得更加丰富多变的效果，还可以搭配多种画材。

纸张

纸张可以选择专业的绘图纸或彩铅纸，这类纸张质地较为细腻紧致，易于着色，能够较好地表现彩铅丰富的层次。

普通的70g或80g复印纸、水彩纸（可选用康颂品牌的各系列专业水彩纸）、纸质较为厚实的速写纸和素描纸等，都可以用来绘制彩铅时装画。牛皮纸、刚古纸、卡纸、特种胶版纸等各种有底色、肌理的纸张也可以用来绘制彩铅时装画，使画面呈现独特的风格和艺术效果。但要注意，太过光滑的纸张色彩附着力差，会影响叠色效果；太过粗糙的纸张容易“起毛”，会影响细节的刻画。

铅笔

铅笔一般用来起稿，既可以选择木杆的绘图铅笔，也可以选择自动铅笔。不论是哪种铅笔，笔芯的软硬程度可以在2B至2H间选择，这个区间的笔芯起稿较为合适，既能表现出线条的深浅变化，又便于修改，也不会过度损伤纸张。

木杆绘图铅笔较为常用的有施德楼、辉柏嘉、三菱、樱花等品牌，笔杆木质较好，铅芯有一定的韧性，可根据个人习惯进行选择。自动铅笔可以选择粗细为0.3mm、0.5mm或0.7mm的铅芯，与木杆绘图铅笔相比，自动铅笔能画出更为精细的线条，且不用反复削笔，方便干净。但自动铅笔的笔芯缺少韧性，绘制出的线条变化不如绘图铅笔有节奏感和韵律感。

橡皮

选择质地较软的绘图橡皮可以避免在修改时损伤纸张。也可以准备一支笔形橡皮，用来修改细节。可塑橡皮则可以大面积擦浅草稿线或是粘掉铅笔灰，也可以在时装画的绘制中用来进行局部提亮。

各种辅助工具

绘图纸（左）、水彩纸（中）与各种灰度的底色纸（右）

卷笔刀、美工刀、砂纸板

彩铅最好使用卷笔刀来削笔，可以保护并节约铅芯。美工刀可以用来刮出彩铅粉末，然后再用手涂抹或进行水溶，以进行大面积着色。砂纸板则可以将水溶性彩铅的铅芯研磨成粉末。

勾线笔

勾线笔用来强调轮廓或者绘制细节。勾线笔分为两类，一类是能画出均匀线条的针管勾线笔，在时装画中较为常用的是0.2、0.35、0.5和0.7等型号，常用的品牌有樱花、酷笔客（Copic，日本）等。另一类是软笔尖的秀丽笔或小楷笔，能画出粗细对比更为鲜明的线条，可以选择斑马（Zebra，日本）、吴竹（kuretake，日本）等品牌。

水彩

水彩可作为大面积晕染的工具选择或者与水溶性彩铅配合使用。樱花、温莎·牛顿（Winsor&Newton，英国）、史明克（Schmincke，德国）、荷尔拜因、白夜（White night，俄罗斯）、美利蓝（Maimeri Blu，意大利）、泰伦斯（Talens，荷兰）等画材品牌的水彩颜料，都拥有较高的品质。

水彩画笔则可以选择专业的貂毛或松鼠毛画笔，也可以选择传统中国画的毛笔。比较方便的还有储水笔（也叫自来水笔），可以直接蘸水，也可以在笔管中蓄水使用。

马克笔

马克笔可以绘制底色，也可以覆盖在彩铅上使彩铅的色彩更鲜艳。TOUCH（韩国）、酷笔客、美辉（Marvy，日本）、培斯玛、犀牛（Rhinos，美国）、Chartpak Ad（美国）等品牌的马克笔都可以选择。

色粉

色粉棒可用于大面积涂抹或是表现粗糙的肌理。施德楼、辉柏嘉、史明克、荷尔拜因、伦勃朗（Rembrandt，荷兰）等品牌的色粉深受专业人士的喜爱。

1.3　彩铅的基本技法

彩铅是笔触细腻，叠色效果丰富，且绘制速度较慢的一类工具，初学者在使用彩铅作画时会有充足的思考空间。常用的彩铅表现技法有：平涂、叠色、水溶以及与其他材料混合使用等。

1.3.1　准备工作——彩铅的试色

不同性质、不同品牌的彩铅在绘制时会有相应的色差，叠色效果、混色效果和肌理质感也有所不同，再加上采用不同品质的纸张，会使彩铅的绘画效果产生更多的变化。因此在绘制之前，应该对你所选择的工具有较为深刻的了解，试色这个步骤能帮助你充分掌握工具的特性，对绘画效果做到心中有数。试色时，可以通过排线、勾勒、平涂、厚涂、渐变、单色叠色、双色叠色、叠加白色、叠加灰色等方式，来充分了解彩铅的绘制效果。

A4纸试色

A4纸有很多种类，从常用的办公打印纸到专业的彩铅绘图纸，都可以用于彩铅的绘制。这类纸张质地比较细密、光滑，易于叠色，能够突显彩铅细腻柔和的艺术风格。

培斯玛油性彩铅

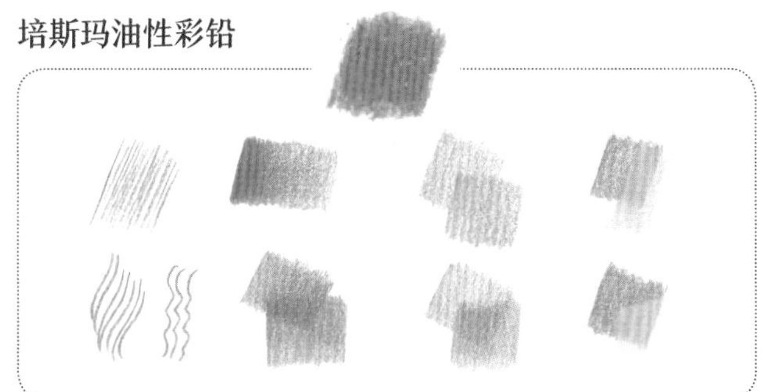

得韵Studio系列

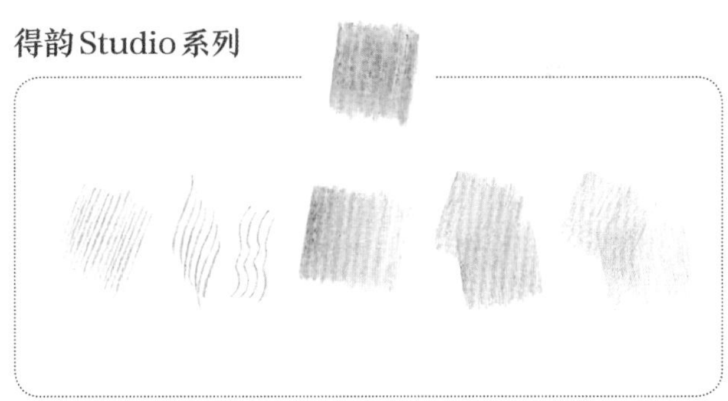

得韵Artists系列

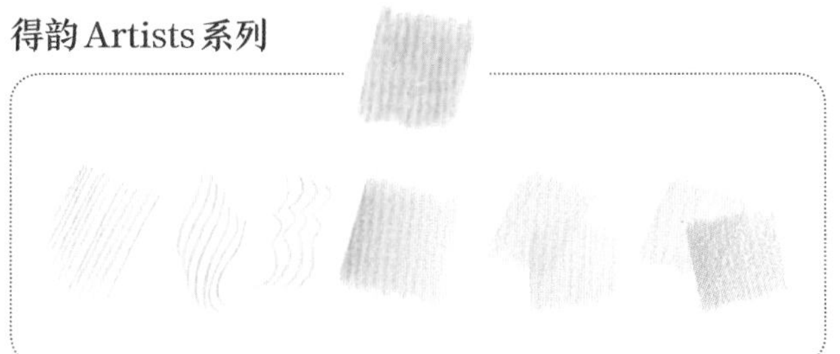

得韵Pastel系列

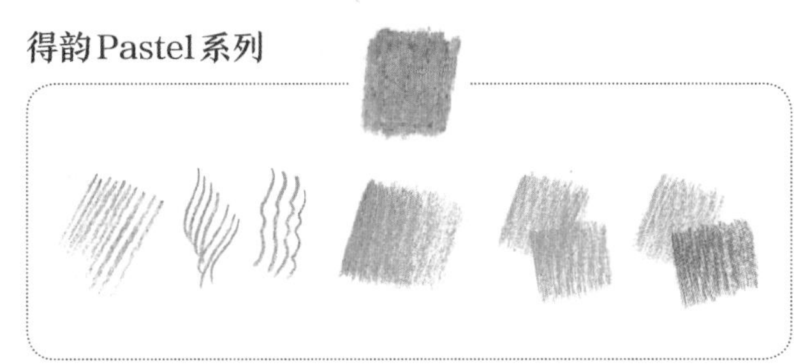

康颂水彩纸（中粗纹）试色

水彩纸质地较为粗糙，纸张表面有不同程度的纹理，因此在细节的刻画上不如A4纸，多次叠色后纸张容易“起毛”，但是水彩纸厚重、显色好，能使画面颜色鲜亮、艳丽，纸张纹理也能带来特殊的肌理感，形成独具特色的艺术风格。

培斯玛油性彩铅

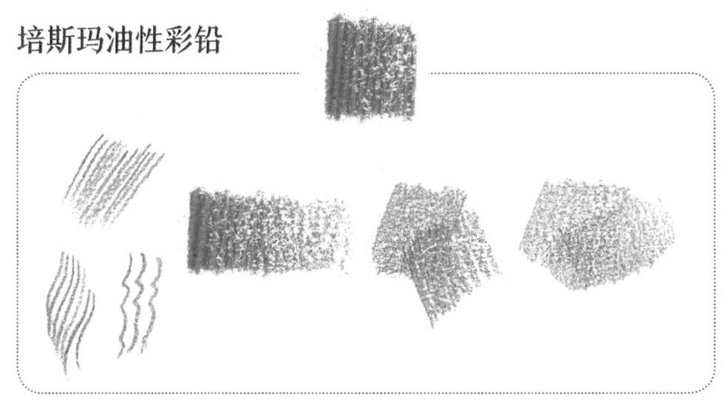

得韵Studio系列

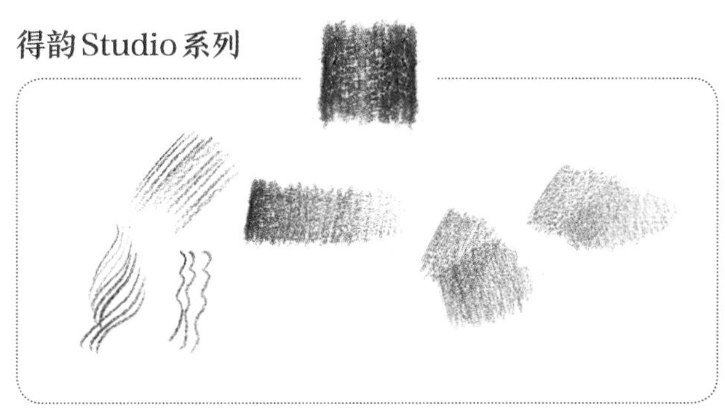

得韵Artists系列

得韵Pastel系列

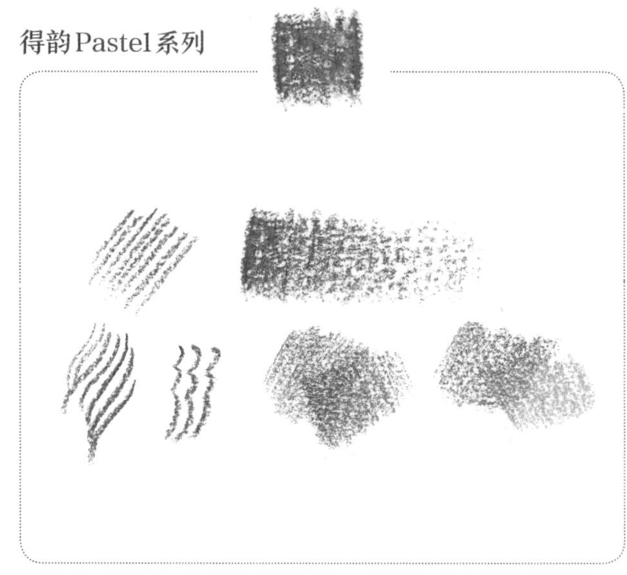

底色纸试色

底色纸本身的固有色会对彩铅的着色产生不同程度的影响。绘图彩铅和水溶性彩铅等透明度较高的彩铅品种，受到底色纸的影响更大，尤其是较浅的颜色需要反复涂抹，才能突显出颜色；而油性彩铅或色粉彩铅等具有一定覆盖力的彩铅品种，受底色纸的影响较小，尤其是油性彩铅的白色，在底色纸上有非常好的显色效果。

培斯玛油性彩铅

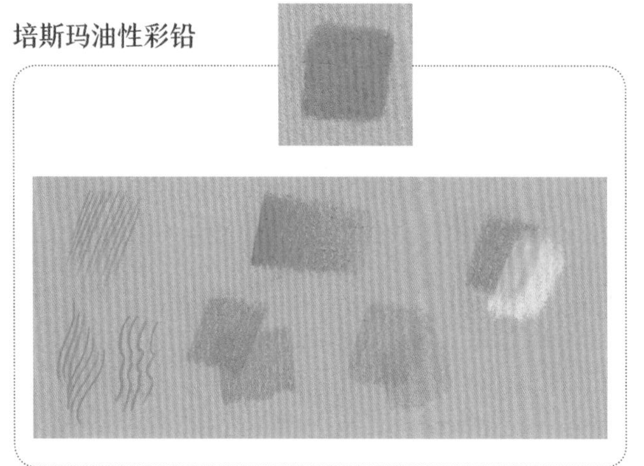

得韵Studio系列

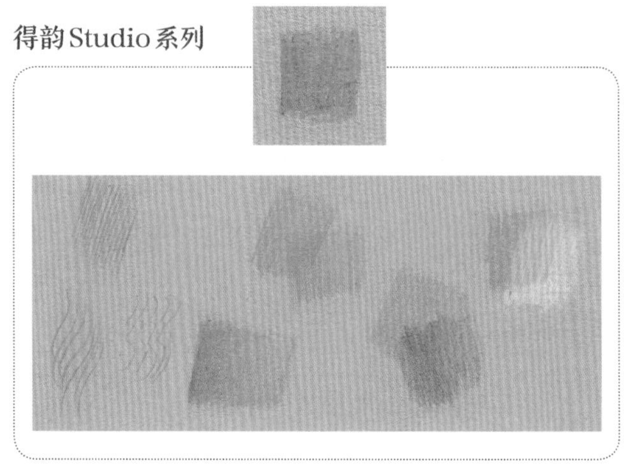

得韵Artists系列

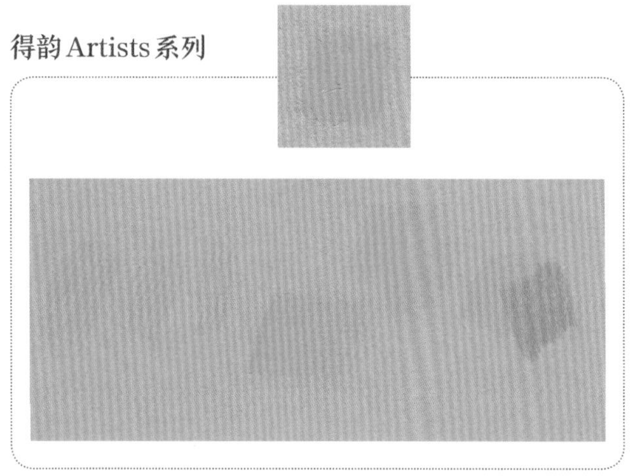

得韵Pastel系列

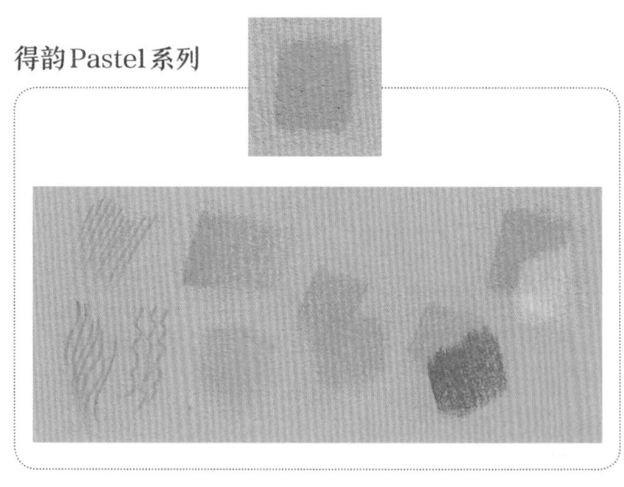

1.3.2　不同性质彩铅的基本表现技法

不同品种的彩铅各有其特性，为了最大限度地突显其优势，采用的绘制技法也不尽相同。

绘图彩铅和油性彩铅的基本技法

绘图彩铅与油性彩铅主要以控制笔触的变化为主，从用笔的轻重、方向，笔尖的尖锐程度和叠色的方式上加以改变，就能形成非常多样的效果。这两种彩铅效果相似，但油性彩铅笔触间的融合度较高，笔触相对柔和并且覆盖性较好，在叠色时能形成更为融合的层次感。普通彩铅的铅芯较硬，透明度较高，与油性彩铅相比更适合细节刻画。

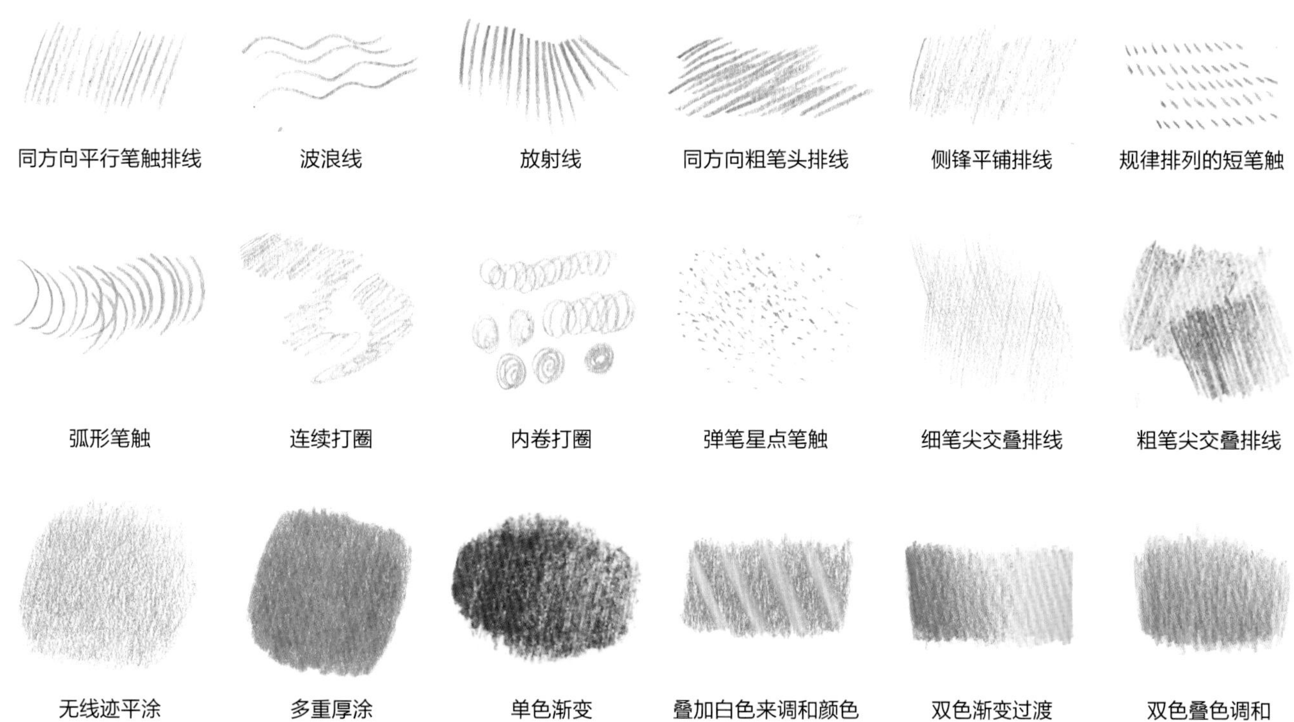

同方向平行笔触排线　波浪线　放射线　同方向粗笔头排线　侧锋平铺排线　规律排列的短笔触

弧形笔触　连续打圈　内卷打圈　弹笔星点笔触　细笔尖交叠排线　粗笔尖交叠排线

无线迹平涂　多重厚涂　单色渐变　叠加白色来调和颜色　双色渐变过渡　双色叠色调和

绘图彩铅或油性彩铅在一次铺色后，笔触较为清晰，色彩质地细腻，颜色也较为通透。随着叠加的次数不断增加，颜色愈加浓郁，并且覆盖力加强。如果是使用不同颜色进行多层混合，要注意反复层叠对色彩饱和度的影响，可以使用同类色系或者邻近色系的颜色进行多层叠色。下面的范例就是使用蓝紫色系进行叠色。

第一层用较轻的力度均匀浅涂，呈现出一定的笔触痕迹，颜色清浅通透。

二次叠色，笔触的密度增加，颜色加深，色彩的饱和度提升。

三次叠色，添加两个邻近色进行边缘的过渡。

四次叠色，形成厚涂的浓郁效果，紫色的色相产生相应的变化。

五次叠色，颜色的变化较小，已经达到彩铅能够达到的最大浓度。

水溶性彩铅的基本技法

水溶性彩铅可以溶水绘画也可以直接干画，其在不同的纸质上会呈现出不同的效果，下图中左侧使用的是素描纸，右侧为普通的A4纸。

在素描纸上，先平涂再加水晕染开。平涂不宜过厚，然后用水彩笔或是用较为便利的储水笔进行晕染，形成自然的色彩过渡。

在普通A4纸上用水溶性彩铅进行平涂与叠色，其效果与素描纸的效果相差不大。

在素描纸上进行接色，平涂时就要将两种颜色进行融合，再用水进行晕染。晕染时要顺着同一方向一次性涂抹。

普通A4纸上的水溶效果，水色融合不够充分，效果难以令人满意。

在普通A4纸上与马克笔混合使用，可以形成较为丰富的层次感。

水溶性彩铅还可以采用“水上湿画法”，即先用水来“限定出”着色的范围，再将磨成粉末的彩铅溶在水里，就能得到一种特殊的效果。绘制时要注意控制好用水量，水量过少颜色会干得过快。绘制时要一次性完成，以达到所需的效果。

Step01 使用砂纸板研磨细腻的彩铅粉末。

Step02 在纸上用水画出图案的形状。

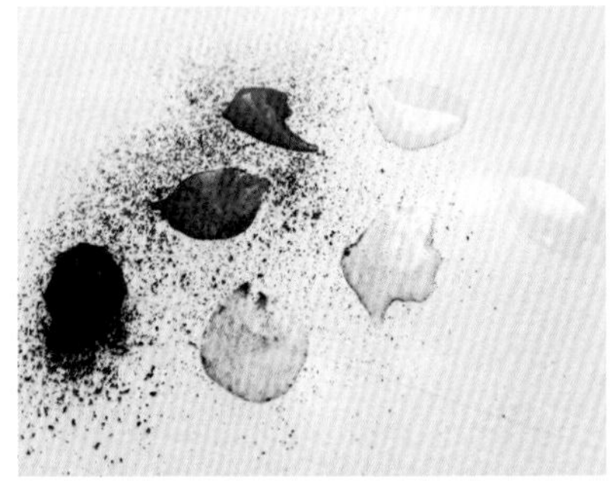

Step03 轻轻敲打砂纸板，让彩铅粉末均匀地落在水中。

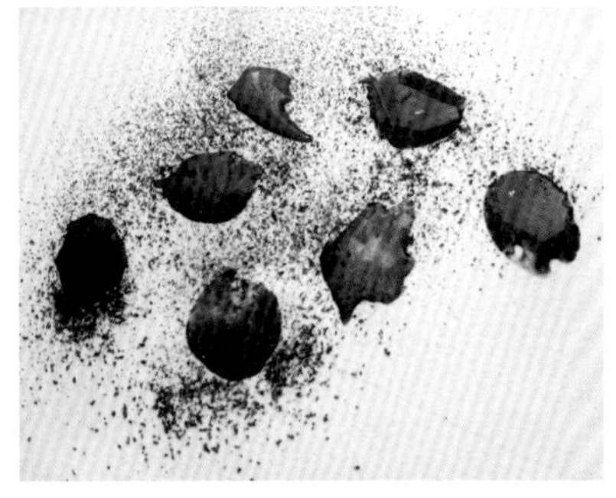

Step04 通过控制彩铅粉末的多少控制色彩的浓度。

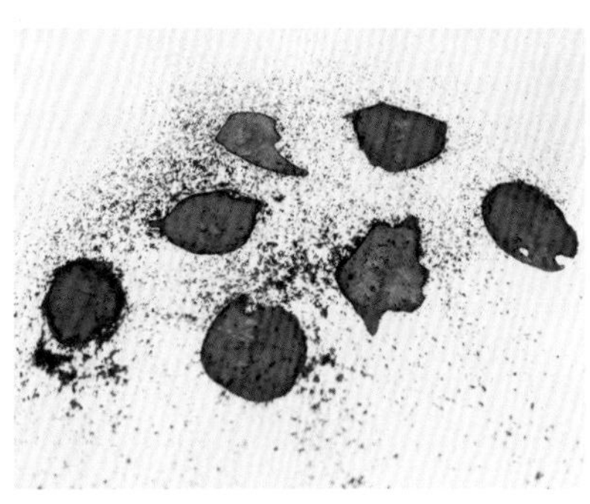

Step05 等待彩铅粉末溶于水并干透。

Step06 吹掉多余的粉末，留下想要的图案。

色粉彩铅的基本技法

色粉彩铅铅芯的密度较低，有一定的颗粒感，不适合刻画细节，但适合描绘肌理粗糙和边缘模糊的面料。色粉铅芯易浮于表面，粉质易脱落，但可多次涂抹、叠色，形成柔和厚重的视觉效果。水溶性的色粉彩铅可干画也可湿画。

干画：用色粉彩铅均匀涂抹或涂抹后用纸擦笔揉开，可画出粗糙或起绒的效果。

叠色：色粉彩铅可涂抹后作为底色，再继续叠加颜色，使颜色更深。

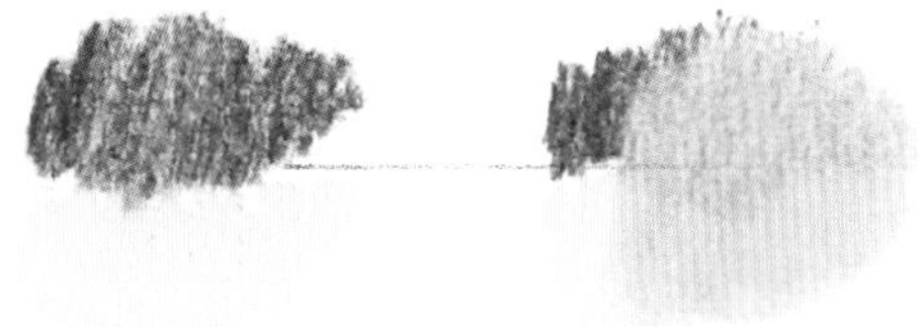

混色：色粉彩铅含有较重的粉质，两种颜色完全混合后颜色会变灰，这种情况在混合对比色时尤其明显。

渐变接色：用纸擦笔涂抹前两种颜色的交汇处，或从一种颜色向另一种颜色推画，形成较为自然的过渡。

湿画法：用水溶性色粉彩铅平涂底色，再用马克笔叠色，也可以用水彩笔或储水笔平涂，形成润泽的笔触。若希望达到均匀的效果，绘制时须避免来回涂抹。

肌理感：平涂后再用彩铅叠加鲜明的笔触，表现出肌理或图案。

不同类型彩铅的混合技法

将不同类型的彩铅混合使用，能够产生比使用单一品种彩铅更丰富的效果，并且使用的先后顺序不同，产生的效果也有一定的差异，极大地丰富了画面层次，增强了画面的艺术性。可以反复进行试验，以寻找到更加新颖的搭配方式。

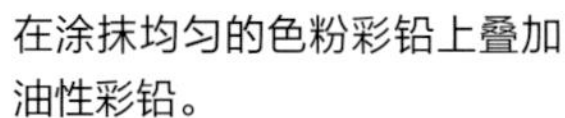

在涂抹均匀的色粉彩铅上叠加油性彩铅。

在均匀铺色的油性彩铅上叠加色粉彩铅。

在油性彩铅排线的底色上，用色粉彩铅绘制图案。

在涂抹均匀的色粉彩铅上，用油性彩铅绘制图案。

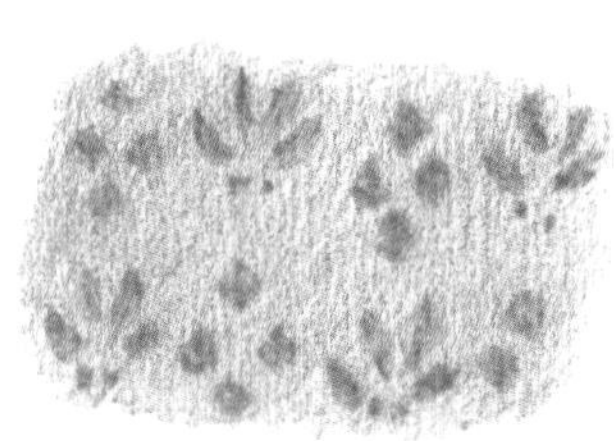

在均匀铺色的油性彩铅上，用色粉彩铅绘制图案。

在绘图彩铅多层厚涂的底色上，用白色油性彩铅绘制图案。

在绘图彩铅无线迹平涂的底色上，用白色油性彩铅绘制图案。

1.4 综合运用与肌理表现

彩铅与不同材料混合使用，可以更高效地达到理想的效果。在选择绘画材料时需考虑好想要表现的肌理再选择材料或材料组合。

1.4.1 几何形图案

这类图案有明显的规律性，单个元素不断重复形成特定的图案效果。在绘制时要确保单个元素的大小和形状基本一致。要重视图案元素的组织和排列方式，因为这直接关系到绘制的步骤。

方格纹图案（绘图彩铅与马克笔的综合运用）

普通彩铅的透明性，使其无法覆盖住马克笔。要表现出前后关系，笔触须断开，而不能重叠。

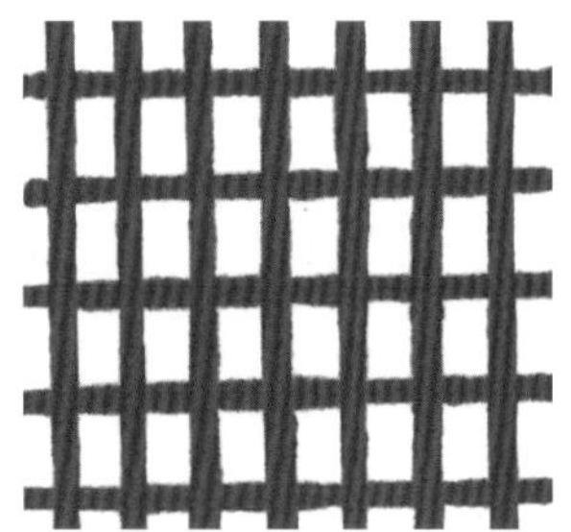

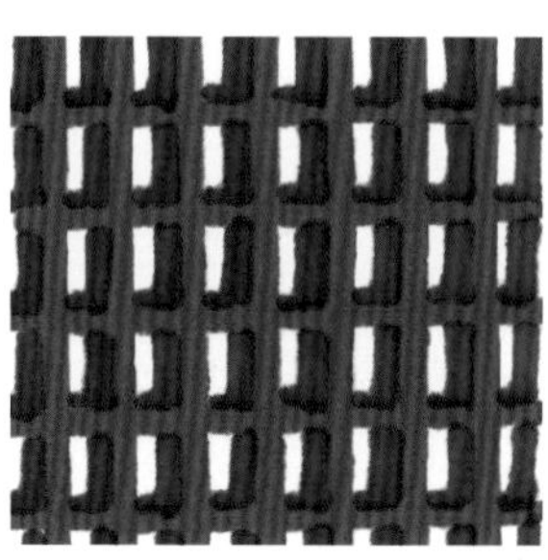

Step01 用绘图彩铅绘制出单一的十字编织图案。

Step02 用马克笔描绘下层图案，马克笔的笔触要断开，不要覆盖在彩铅上。

Step03 继续绘制直至完成。

菱纹图案（色粉彩铅与马克笔的综合运用）

色粉彩铅的覆盖性强，适合二次绘画。在绘制图案时要注意图案和底色的搭配。

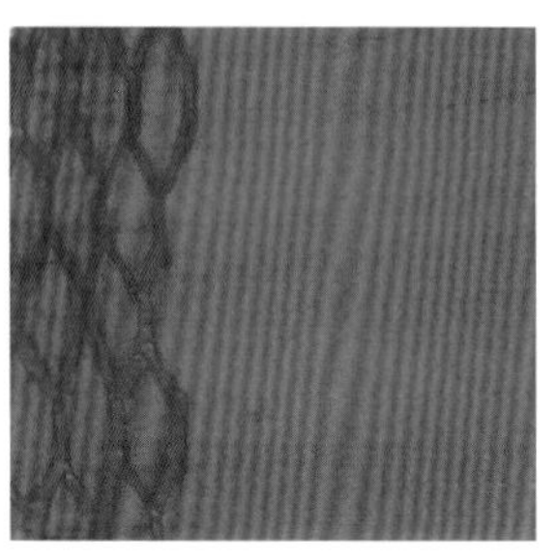

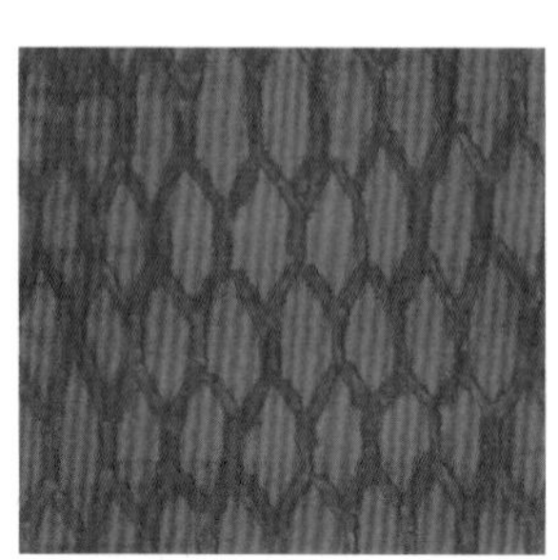

Step01 用马克笔平铺一层底色。

Step02 底色干透后直接用削尖的色粉彩铅绘制图案。

Step03 描绘图案直到铺满底色。

色织格纹（色粉彩铅与绘图彩铅的综合应用）

色粉彩铅可以绘制出柔和的底色，而普通彩铅能够绘制出微妙的细节。

Step01 用色粉彩铅绘制出格纹的大致分布情况，格纹的间距和宽窄尽量保持一致。

Step02 用纸擦笔擦出朦胧的效果。

Step03 用绘图彩铅描绘纵横向的单线颜色。

Step04 用另一种颜色的绘图彩铅描绘纵横交错的辅助条纹，注意条纹的宽度尽量保持一致。

编织格纹（马克笔、色粉彩铅与绘图彩铅的综合应用）

马克笔的色泽比彩铅更为鲜亮，因此用马克笔绘制的部分会成为图案的视觉重心，而色粉的覆盖性可以缓和马克笔带来的视觉冲击力。

Step01　用马克笔绘制出纵向条纹。

Step02　用绘图彩铅绘制出横向编织。

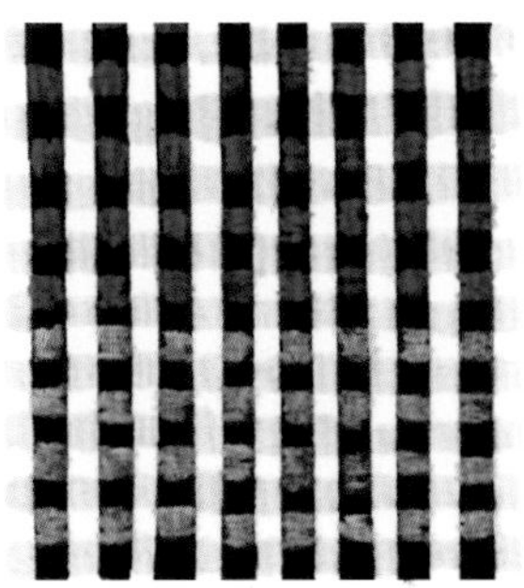

Step03　经纬交织处用色粉彩铅覆盖。

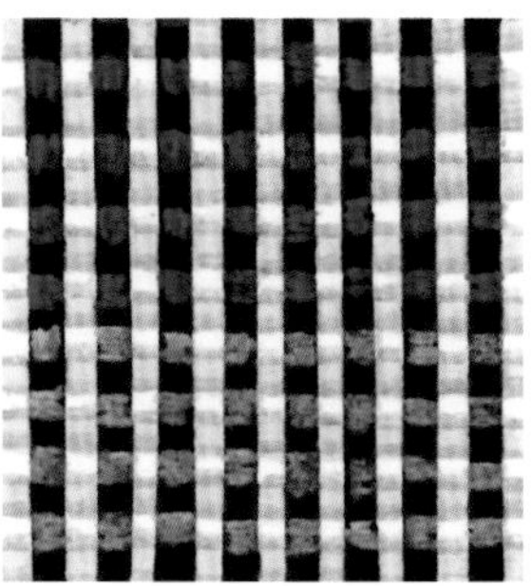

Step04　用较深的灰色描绘出横向纹理的立体效果，表现出编织的质感。

1.4.2　褶皱

不同的面料会对褶皱的形态产生很大的影响，尤其是运用了各种工艺手法的褶皱，会形成极为复杂的纹理。在表现褶皱时，这两个要素都需要考虑在内。

半透明薄纱面料（绘图彩铅和油性彩铅的综合应用）

面料的透明度需要通过层叠效果的刻画来表现。褶皱交叠的层次越多，颜色就越深。褶皱的边缘轮廓也要适当进行强调。

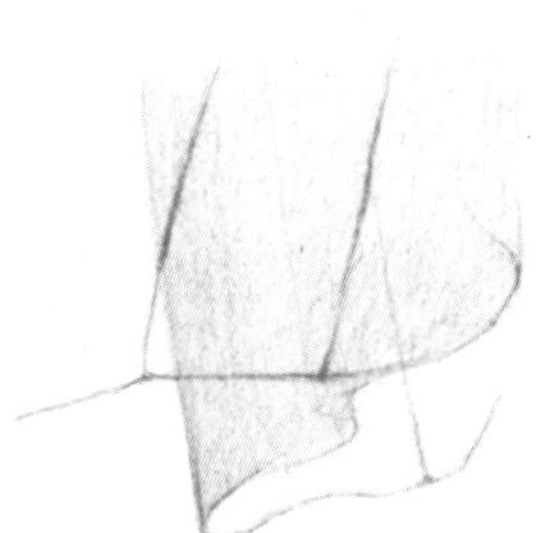

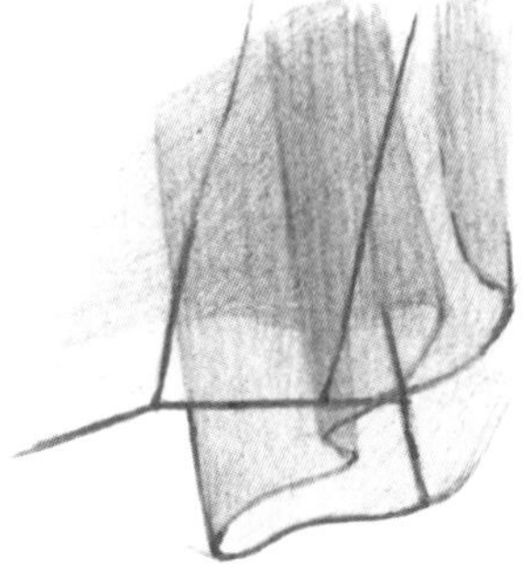

Step01　用绘图彩铅勾勒出面料的轮廓。

Step02　从最浅的层次开始逐层上色。单层纱的颜色较浅，层叠处纱的颜色较深。

Step03　画出多层重叠的颜色，用肯定的笔触强调面料的边缘。

压褶面料（马克笔和油性彩铅的综合应用）

压褶是一种定型褶，会形成较为规律的变化，褶纹也清晰肯定。案例中的画法，适合表现大面积的压褶。

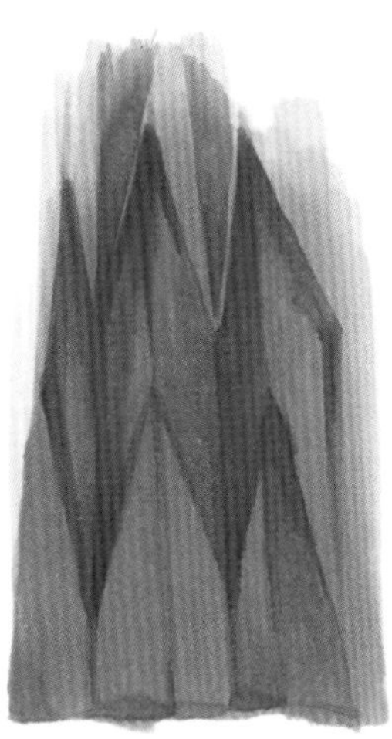

Step01　用铅笔勾勒出褶纹转折的大概形状。

Step02　先用马克笔平铺底色，再按照褶皱的转折结构绘制出明暗深浅。

Step03　用油性彩铅在褶皱的转折处进行强调，培斯玛油性彩铅的白色具有较强的覆盖力，可以提亮高光，突显出褶皱的立体感。

白色平纹面料（马克笔和绘图彩铅的综合应用）

平纹面料会产生比较细碎的褶皱，在表现时需要进行取舍。白色的明度很高，明暗层次变化微妙，在绘制时过渡要柔和。

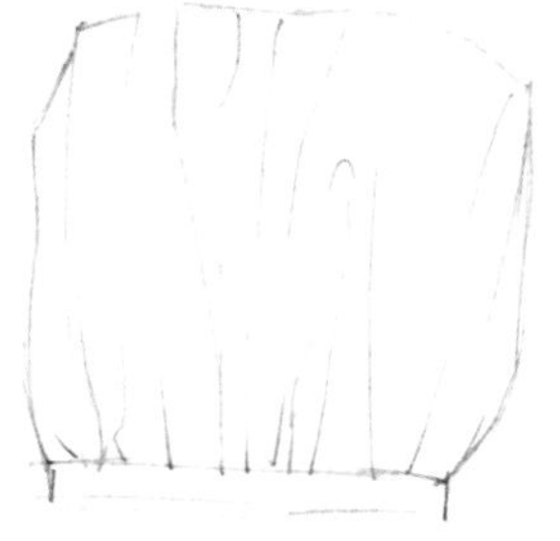
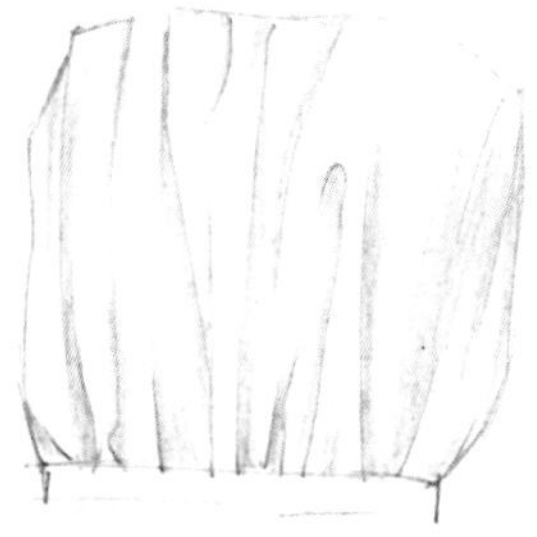
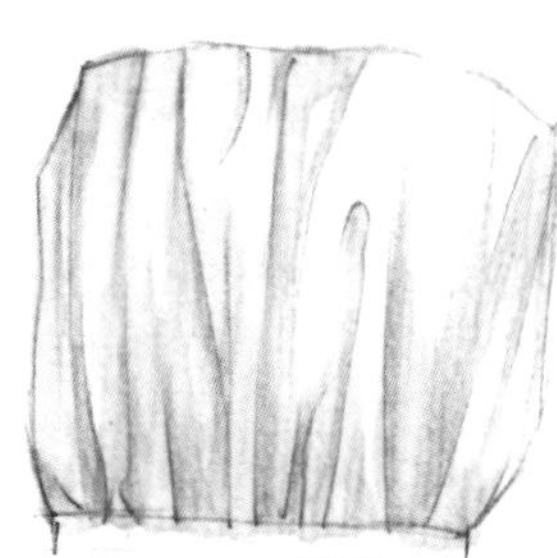

Step01 用铅笔勾勒出褶皱的轮廓。

Step02 用极浅的蓝灰色马克笔铺出褶皱的明暗关系。

Step03 用绘图彩铅加深褶皱的阴影，表现出褶皱的立体感。

绗缝面料（马克笔和油性彩铅的综合应用）

绗缝是一种工艺手法，主要用于有填充物的面料，起到固定填充物的作用。绗缝面料主要是对缝线和碎褶进行表现。

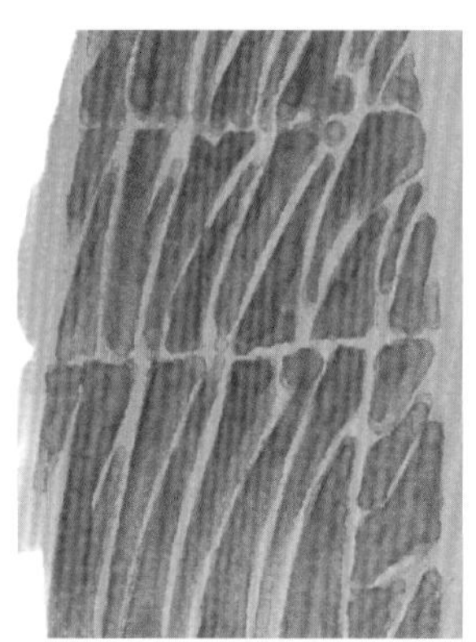
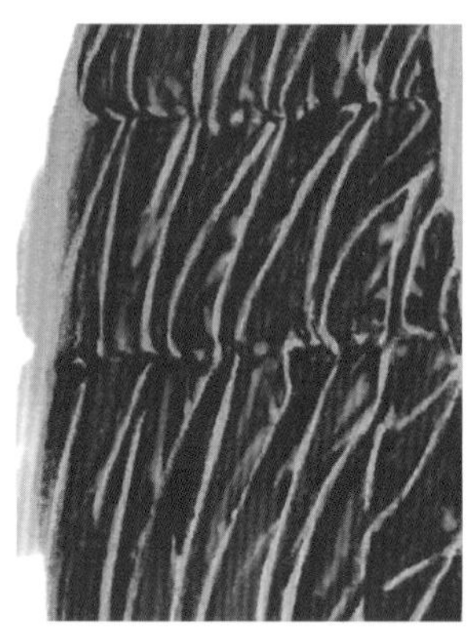

Step01 用马克笔铺出底色。

Step02 用较深的颜色绘制出绗缝产生的褶皱，缝线留白。

Step03 用油性彩铅仔细描绘出缝线凹陷的细节。

1.4.3 皮革

皮革面料一般质地比较厚实，光泽也比较润泽。在绘制时可分为两大类：无肌理和有肌理。有肌理的皮革一般更加厚重，光泽度会因为肌理而减弱。

鳄鱼皮（色粉彩铅与绘图彩铅的综合应用）

在这个案例中，色粉彩铅仍作为整体铺色，绘图彩铅则用于刻画细致的纹理。需要注意的是，因为绘图彩铅的透明性，所以纹理的提亮还需要将色粉彩铅削尖后仔细绘制。

Step01 用色粉彩铅绘制整体颜色，注意皮质光泽的留白和起伏的明暗。

Step02 用纸擦笔涂抹色粉底色，形成柔和的过渡。

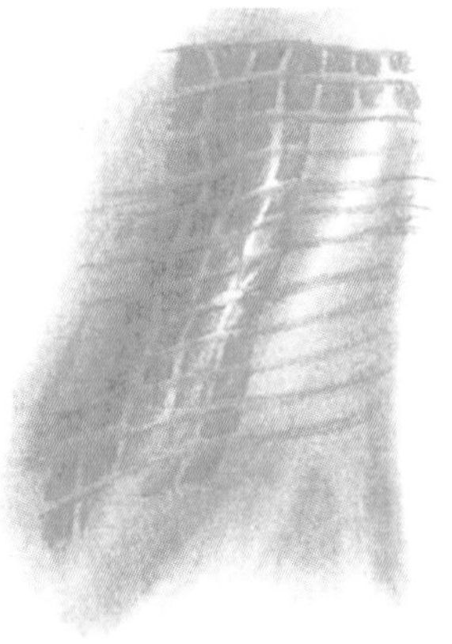

Step03 用绘图彩铅叠加出格子般的肌理，格子的形状要有一定的变化，不要过于规整。高光处要留白。

Step04 纹理的亮部仍然用色粉彩铅提亮。

小牛皮(油性彩铅、水溶性彩铅与马克笔的综合应用)

案例表现的是小牛皮或羊羔皮这类质地柔韧的皮革。与有纹理的皮革比较起来，其反光较强，褶皱也更加明显。

Step01 用水溶性彩铅绘制亮部的浅灰色。

Step02 用水溶性彩铅描绘暗色部分，再用同色的马克笔进行叠加，这时水性的马克笔会使水溶性彩铅溶解，使颜色更深。

Step03 暗部的灰色部分用油性彩铅来描绘。注意皮革上沿着褶皱形成的区域性的高光和反光。

Step04 增加中间的过渡色，表现出皮革的润泽感。

1.4.4 有光泽的涂层面料

这类面料质地比较光滑、柔韧。在绘制时要注意大的明暗关系和褶皱的体积感，区别对待高光和反光，不要因为过于重视对光泽度的表现而破坏了面料的整体效果。

半透明电子光面料(绘图彩铅和油性彩铅的综合应用)

案例表现的是具有电子光感的半透明材质，这种轻薄面料的反光和暗部的分界线较为分明，且在色相上会有较大的变化。

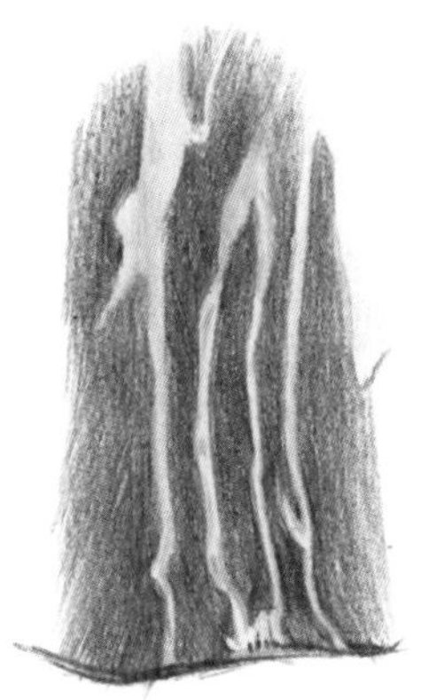

Step01 用明度高的绘图彩铅绘制受光部分。

Step02 用油性彩铅勾画暗色轮廓，用较深的普蓝着色，加大亮部和暗部的对比，强烈的明暗对比才能表现出材质的光泽感。

Step03 深入刻画明暗交界处的颜色，衬托出反光部分。

不透明电子光面料(绘图彩铅和油性彩铅的综合应用)

案例表现的是具有电子光感的不透明材质，这类材质的明暗面差异非常大，明暗交界线也很明显。

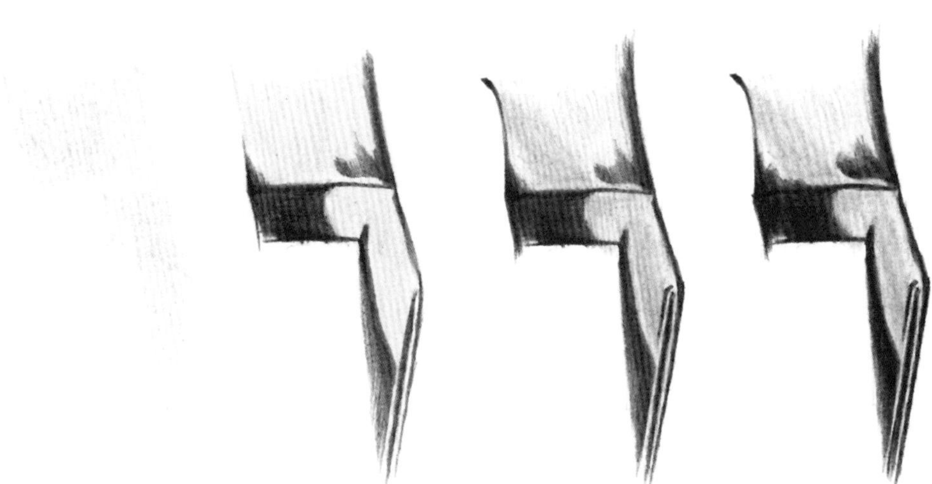

Step01 用绘图彩铅平铺亮部颜色。

Step02 用油性彩铅绘制暗部，亮部和暗部分界十分明显。

Step03 用绘图彩铅略微加深亮灰面，丰富画面层次。

Step04 进一步加深边缘轮廓及明暗交界线。

1.4.5 皮草

这类面料质地比较光滑、柔韧。在绘制时要注意大的明暗关系和褶皱的体积感，区别对待高光和反光，不要因为过于重视对光泽度的表现而破坏了面料的整体效果。同时，毛针形态的变化也要通过笔触的变化表现出来。

小羔羊毛(色粉彩铅、纸擦笔与油性彩铅的综合应用)

小羔羊毛的特点是弯曲度较人，在皮的表面形成 个个毛卷，在表现时要注意每个毛卷的体积感。

Step01 用铅笔勾画出小羔羊毛的纹理走向。

Step02 用色粉彩铅快速绘制出毛卷的暗部，并用纸擦笔将色粉推开。

Step03 用颜色较深的油性彩铅排列出每个毛卷上毛丝的走向。

Step04 在排列毛丝时，要注意毛卷的体积和毛卷间的前后遮挡关系。

羊羔卷（绘图彩铅和油性彩铅的综合应用）

羊羔卷的毛丝卷曲，呈现出半球形或椭圆形凸起的毛团。在绘制时，这些细小的毛团既要有变化，又不能过于凌乱，同时还要表现出毛卷的体积感。

Step01 用绘图彩铅铺出底色，可以使用侧锋铺色，使笔触具有较为粗糙的质感。

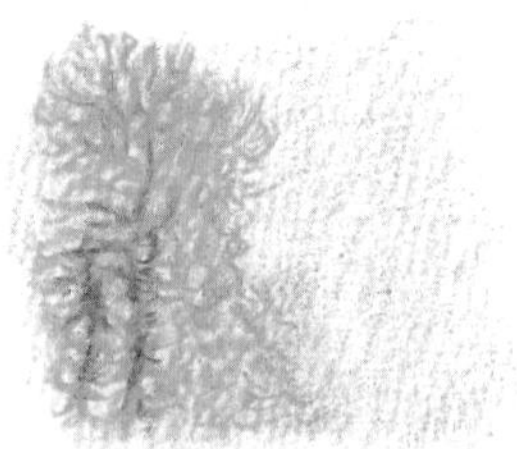

Step02 用较钝的笔尖来绘制短小卷曲的毛团，通过用笔的弧度变化来表现毛团伸展的方向。

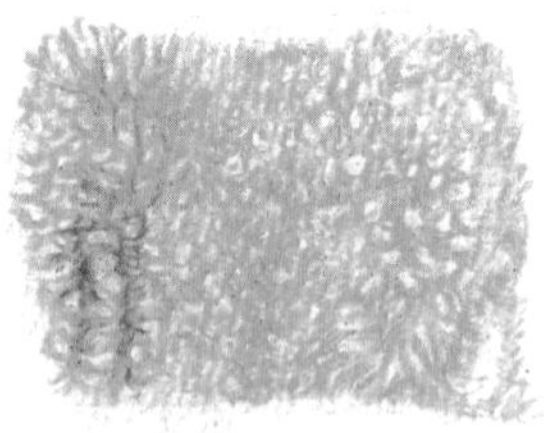

Step03 完成毛卷的绘制，毛卷的大小和形状既要保持基本统一，又要在统一中寻求变化。

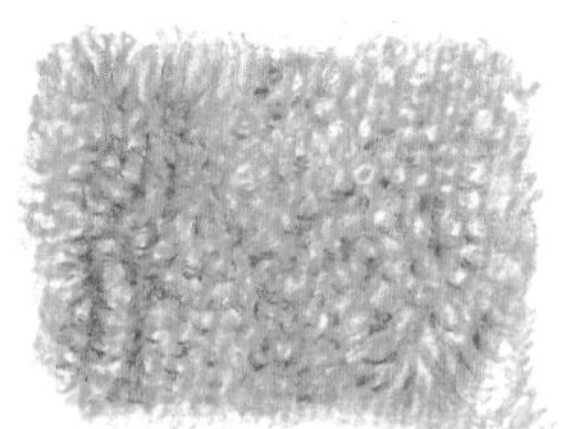

Step04 加重毛卷根部的阴影，保持亮部留白，表现出皮草的体积感和蓬松感。

斯瓦卡拉羊羔皮（绘图彩铅与油性彩铅的综合应用）

斯瓦卡拉羊羔皮也被称为波斯羊羔皮，因其丰厚、柔软的手感而闻名，其毛丝短而细密，所以皮毛的表面会呈现出图案般的光泽感。

Step01 用绘图彩铅铺出底色。

Step02 用油性彩铅叠加颜色，增加色彩的饱和度。

Step03 通过层叠色彩，表现出皮革细腻柔韧的质感。

Step04 绘制羊羔皮表面紧凑的螺纹条形图案的走向，注意图案面积的大小变化。

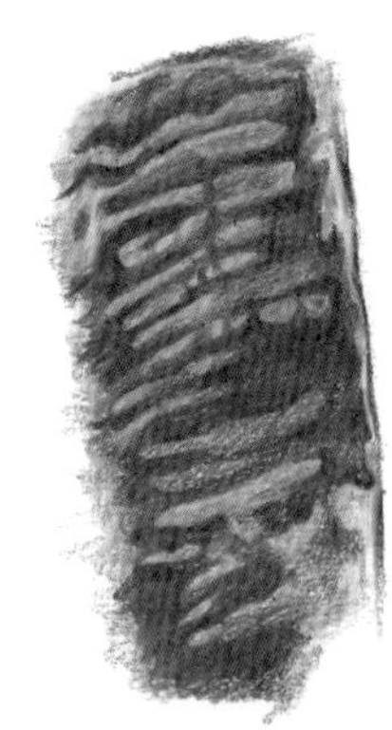

Step05 增加皮毛纹理的深浅对比，强调纹理轮廓，丰富层次变化，表现出皮草的光泽感。

羊毛（绘图彩铅与油性彩铅的综合应用）

羊毛的毛丝有一定的韧性，因此其排列具有较为明显的方向性；毛丝的长度较短，会形成丰富的层次。

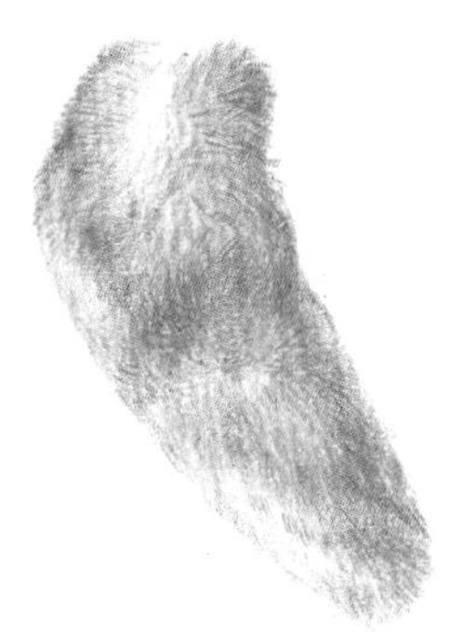

Step01　用铅笔勾画出羊毛的外轮廓。

Step02　用绘图彩铅铺出皮草大体的亮面和暗面。

Step03　添加过渡的亮灰面，进一步塑造出整体的体积感。

Step04　用油性彩铅绘制毛丝细节。毛丝走向有一定的方向性，毛丝在长度和弧度上要有变化。

Step05　完成毛丝细节的绘制。羊毛的毛丝较粗，绘制时笔尖不用特别尖细，粗粗描绘即可。

水貂毛（色粉彩铅与纸擦笔的综合应用）

水貂毛的毛丝细且软，没有明显的毛针。在表现时更多的是注重皮草整体的体积感，并依靠工具本身的特性来表现材质绒毛细软的特征。

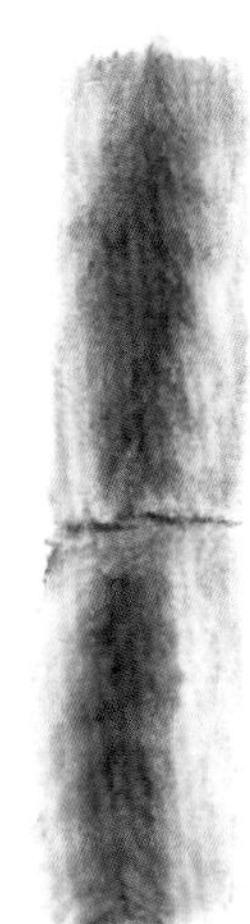

Step01　用色粉彩铅绘制出皮草中央的深色部分。

Step02　用纸擦笔将色粉涂抹开，形成柔和过渡。

Step03　从中央的深色部分沿毛丝走向进行二次着色，形成深灰和浅灰的过渡。

Step04　再次用纸擦笔将不同灰度的颜色进行混合，表现出绒毛的质感。

水貂毛（绘图彩铅的应用）

同样是绘制水貂毛，使用绘图彩铅则是借助其细腻柔和的笔触来表现毛丝细软的特点，画笔一定要削尖，笔触不能过于明显，要蕴含在整体层次中。

Step01　用浅色铺出底色。

Step02　削尖笔尖，用长短相近的放射状的笔触绘制出毛丝走向，要注意笔触间的层叠关系。

Step03　叠加笔触，使笔触更加细腻，同时加强明暗变化，塑造出皮草的体积感。

Step04　加深毛丝根部，表现出水貂毛蓬松的质感。

紫貂毛（绘图彩铅与油性彩铅的综合应用）

紫貂毛的毛针虽然较短，但与水貂毛比起来质地稍硬，因此毛针较为清晰，在绘制时要将毛针的走向和层次表现出来。

Step01 用绘图彩铅均匀地铺出皮草的底色。

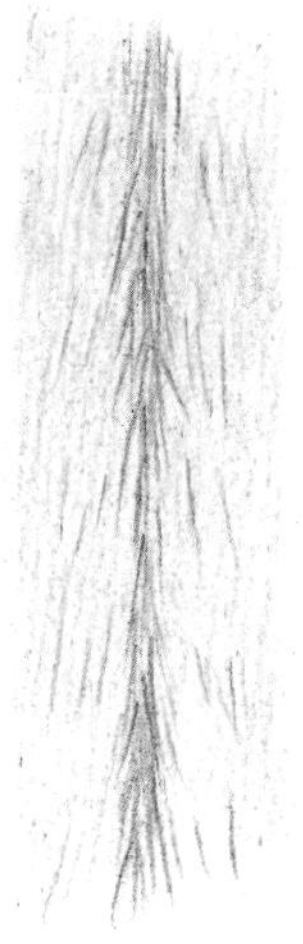

Step02 紫貂毛一般呈条状，中间颜色深两侧颜色浅，先绘制一根中轴，然后从中间开始向外侧用笔来绘制毛针。

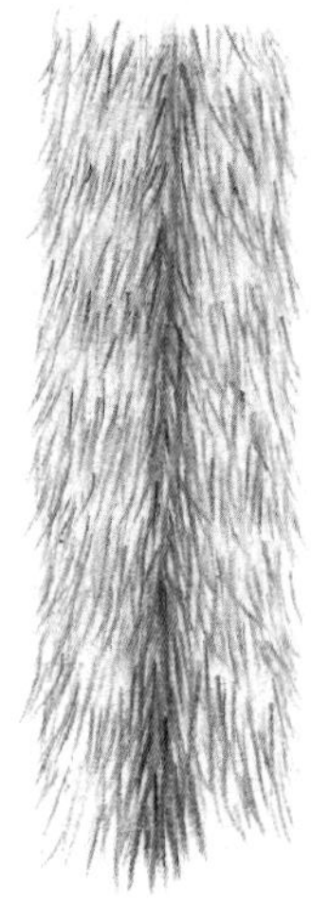

Step03 继续绘制毛针的细节，加深每一层毛针的根部，毛尖留出高光，表现出丰富的层次感。

貉毛（色粉彩铅、纸擦笔与油性彩铅的综合应用）

貉毛的毛针较长，毛针从根部到毛尖还会产生颜色的变化，因此会形成较为丰富的色泽。在绘制时除了表现皮草整体的体积感，还要通过对皮草边缘及层次的刻画来表现毛针。

Step01 用色粉彩铅沿毛丝的方向绘制出主色以及色彩之间的穿插过渡。

Step02 用纸擦笔将色彩混合，形成柔和的过渡。

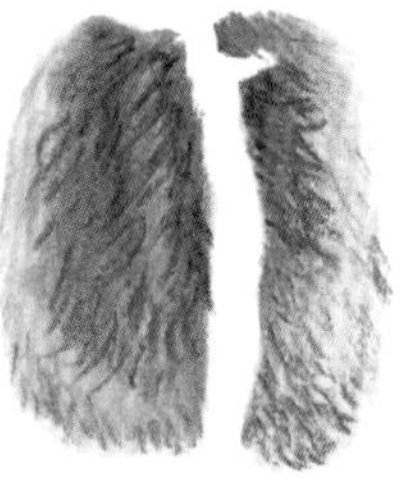

Step03 用色粉彩铅二次上色，用纸擦笔选择性地将一部分颜色抹开，另一部分留下较为清晰的笔触，来区分皮草的层次。

Step04 用油性彩铅表现毛丝的走向和边缘的毛丝细节。

Step05 加深每层毛针的根部，对皮草不规则的轮廓进行刻画，并进一步丰富其颜色和层次。

狐狸毛（绘图彩铅与油性彩铅的综合应用）

狐狸毛的毛针变化明显。有长度较长、质地较硬并且有色彩变化的长毛针，也有长度较短、较为细密的绒毛，在绘制时要将其形态的不同表现出来。

Step01 从毛针的生长点，用绘图彩铅的细笔尖描绘出一束束的毛针。

Step02 按照毛针的生长方向完成长毛针的绘制，整理好每一束毛针相互的叠压关系。通过绘制较细的绒毛形成整体的轮廓后进行分组。

Step03 用油性彩铅绘制出长毛针每束毛针的阴影，先通过绘制绒毛表现出整体的体积感，再适当细化，表现出层次。

Step04 绘制出长毛针颜色的变化。

Step05 加深毛针根部的阴影，增强皮草的体积感。

栗鼠毛（绘图彩铅与水溶性彩铅的综合应用）

栗鼠毛也称为青蓝紫皮草，以毛丝柔软而轻盈著称，有着丝绸般的光泽感和细滑的触感，毛色通常会形成黑、深灰、珠灰、乳白、雪白等层次渐变，是非常昂贵的皮草面料。因为毛丝极细，在表现时不需要描绘毛丝，只绘制出颜色的变化即可。

Step01 用铅笔勾画出皮草的外轮廓。

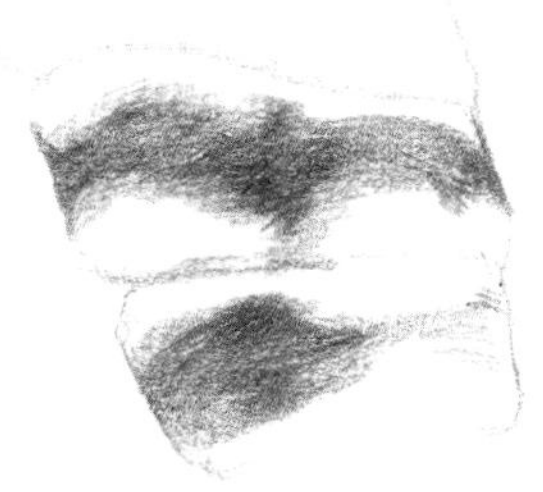

Step02 用绘图彩铅铺出底色，中间背脊颜色较深，逐渐向两侧渐变过渡。

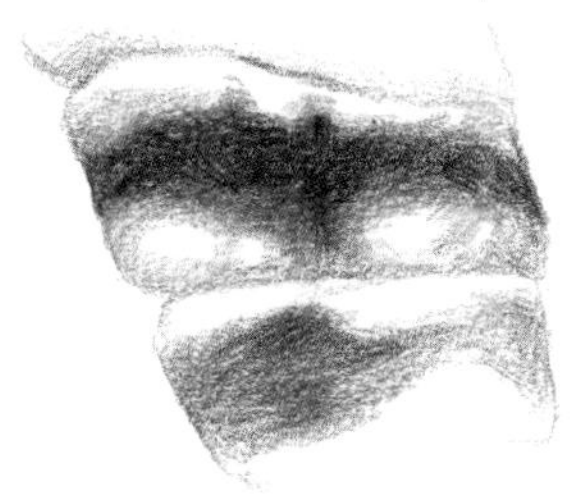

Step03 用水溶性彩铅进行叠色，丰富渐变的层次，表现出皮草柔软绒密的特点。

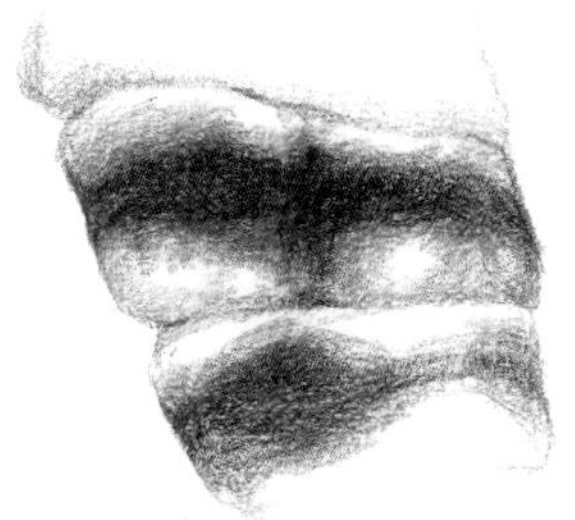

Step04 强调皮草拼接处的阴影，表现出皮草的厚度和蓬松的质感。

豹纹（绘图彩铅与油性彩铅的综合应用）

描绘豹纹时不需要描绘毛丝的细节，而是更注重对图案的刻画，豹纹图案属于散点状图案，要在统一中寻求变化。

Step01 用铅笔勾画出豹纹图案，要注意图案的疏密分布和大小变化。

Step02 用橡皮将铅笔线适当擦浅，然后用绘图彩铅平铺出底色。

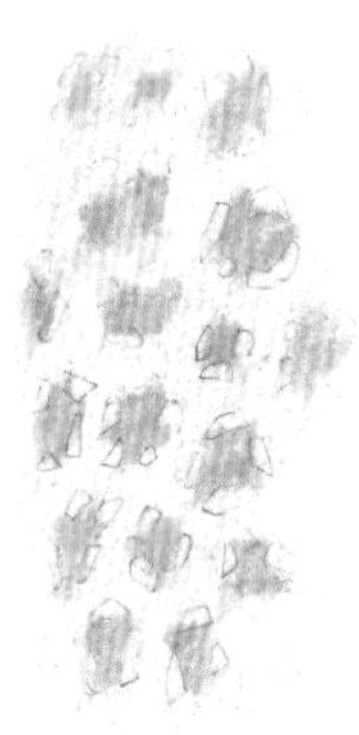

Step03 用油性彩铅先绘制出中心的橙褐色，颜色不要涂死，要有一些深浅变化。

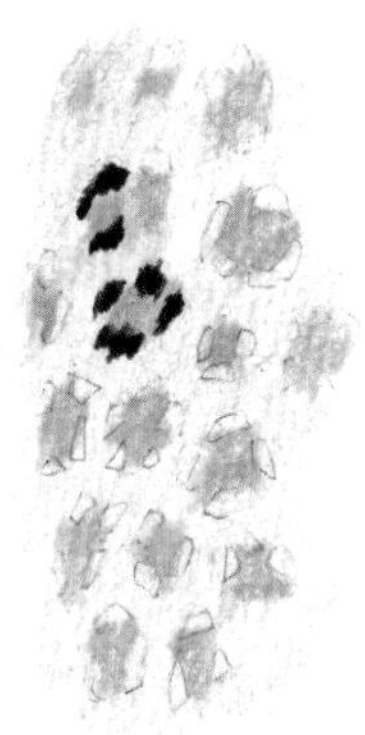

Step04 用黑色油性彩铅绘制出中心色块四周不连续分布的小色斑。

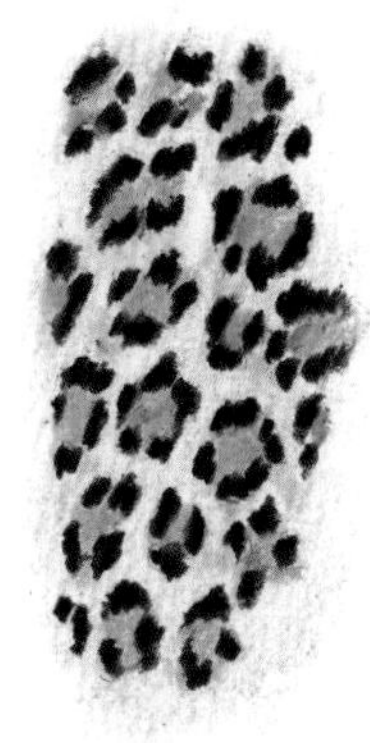

Step05 黑色斑的数量、疏密和形状也要有一定变化。

带印花的绒毛面料（马克笔与色粉彩铅的综合应用）

马克笔能够快捷地绘制出图案，但很难表现出起绒的质感。色粉彩铅则凭借其材质的颗粒感，可以有效地弥补马克笔的不足。

Step01 用铅笔简单勾画出大致图案。

Step02 用马克笔绘制出深色图案。

Step03 用色粉彩铅绘制浅色图案，利用色粉的颗粒感表现出起绒质感。

Step04 用色粉彩铅勾画出深色边缘，进一步表现出粗糙质感。

Step05 在上一步的基础上继续覆盖和点缀斑点状花纹，表现出绒毛感。

1.4.6 呢料

呢料的种类繁多，大致可分为粗纺呢料和精纺呢料（细呢料）。粗呢料的质地一般较为厚重，有粗糙的纹理感或颗粒感；精纺呢料的质地挺括，纹理较为细密，有的还带有光泽感，在绘制时要强调出不同种类的特点。

粗花呢（绘图彩铅与油性彩铅的综合应用）

粗花呢是最具代表性的粗纺呢料之一，一般采用纱支较粗的花式纱线或混纺纱线，因此形成表面凹凸不平的变化肌理和丰富的色泽，形成或粗犷或典雅的风格。

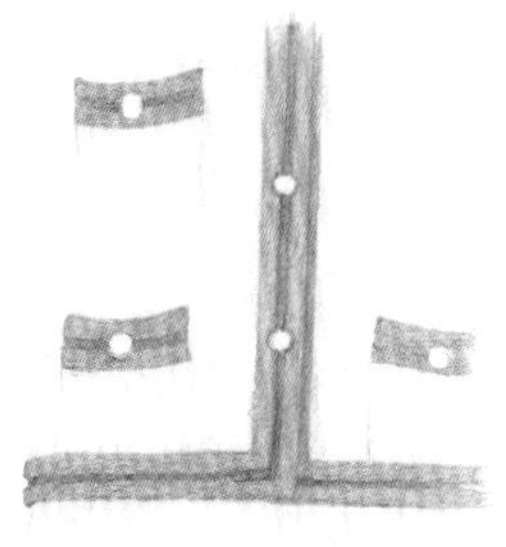

Step01　先进行配色，选择合适的底色和镶边的辅色，用绘图彩铅铺出底色。

Step02　用油性彩铅叠加颜色，增加色彩的饱和度。用点状笔触绘制出浅色的颗粒感。

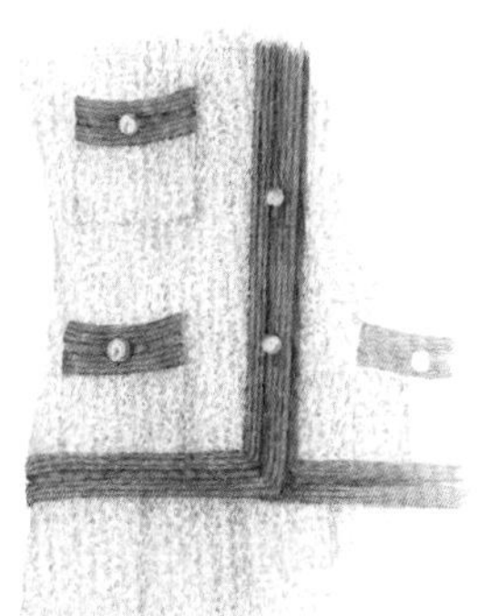

Step03　用较深的颜色继续增加粗花呢的颗粒感，暗部和投影处的笔触要密集，使其呈现较深的颜色。门襟和口袋边缘的编织带，描绘出纵向的纹理然后再给纽扣着色。

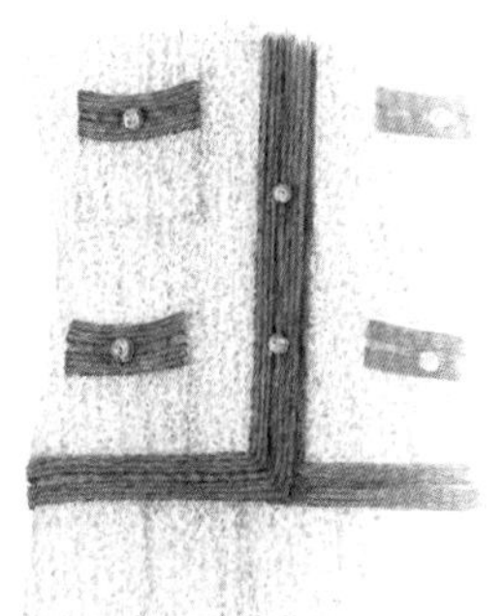

Step04　用另一种颜色继续绘制粗花呢的颗粒感，表现出混纺的材质特点。刻画纽扣的细节，通过强烈的明暗对比来表现金属的质感。

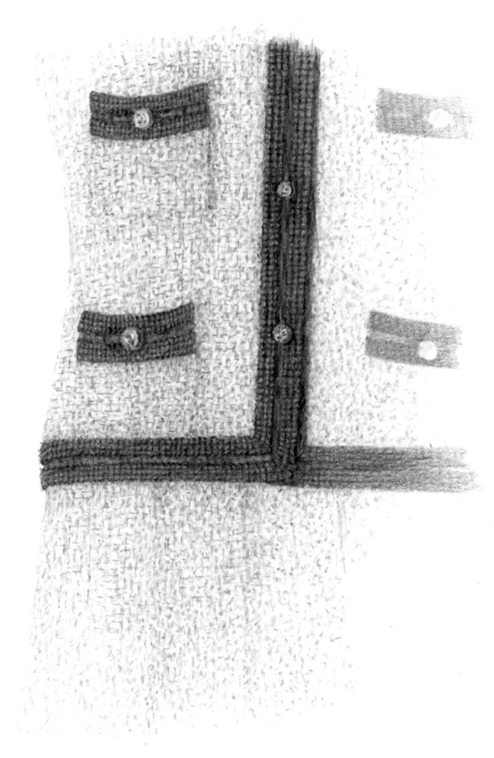

Step05　用削尖笔芯的绘图彩铅仔细绘制出粗花呢经纬纱交织的细节。用油性彩铅给蓝色织带添加横向纹理，并表现出边缘的厚度。

麦尔登毛呢（色粉彩铅、纸擦笔与油性彩铅的综合应用）

麦尔登毛呢的表面较为平整，质地挺括且具有一定的弹性，是制作大衣的高档面料，其特点是表面会覆盖一层细密的絮状绒毛。

Step01　用色粉彩铅平铺出面料的固有色。

Step02　用纸擦笔或纸巾将底色涂抹均匀，形成较为细腻的质感。

Step03　用色粉彩铅绘制出面料的暗部和结构转折的边缘。

Step04　将新添加的暗部颜色涂抹均匀。

Step05　强调边缘线，用油性彩铅的笔尖细致描绘出毛絮的效果。

双面呢（油性彩铅的应用）

双面呢是一种双层梭织面料，质地紧密细腻，挺括而有弹性。双面呢的边缘一般都采用手工缝合，因此在边缘会有缝线的痕迹。

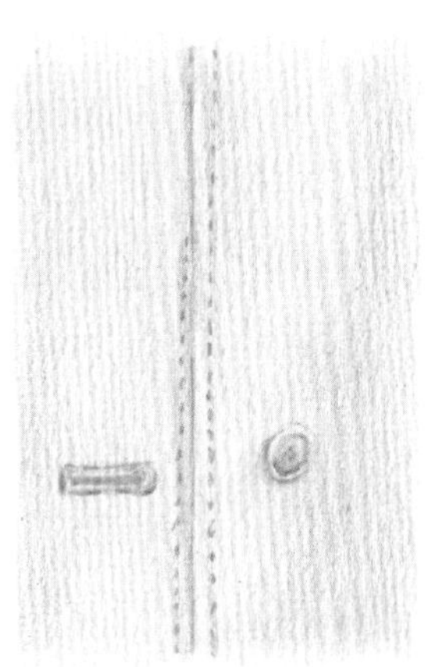

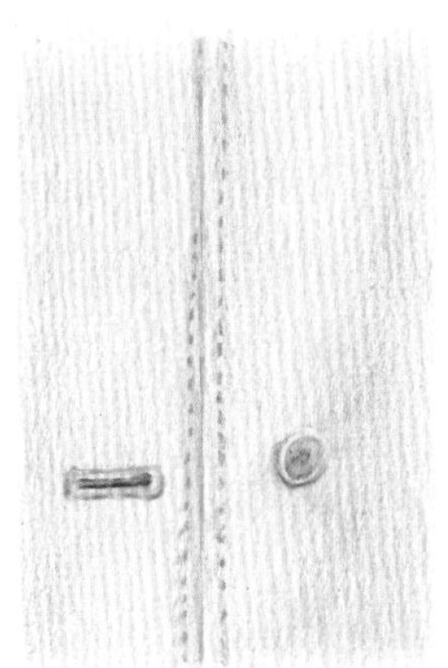

Step01 用油性彩铅均匀地涂出底色。油性彩铅绘制出的画面具有一定的颗粒感，可以较好地表现出呢料的质感。

Step02 用较深的颜色绘制出暗部，添加肌理，表现出服装结构的立体感。绘制出纽扣和扣眼的形状。

Step03 将笔尖削尖，绘制出缝纫线，叠加纽扣和扣眼的暗部颜色。

Step04 进一步加重纽扣的暗部和扣眼内的阴影，表现出更丰富的层次。

1.4.7 针织面料

针织面料分为裁剪针织和成形针织两大类。裁剪针织的线圈细密，质地较为平整，绘制时通过对褶皱的描绘表现出面料弹性即可，不需要绘制针织的肌理或花形；成形针织根据纱线材质、编织的针法和针数的不同，会形成变化多样的花形，在绘制时需要重点表现。

单色针织面料（绘图彩铅与油性彩铅的综合应用）

这类针织面料属于成形针织面料中的细棒针织物，针织的质地较为紧实，纹理细密均匀。

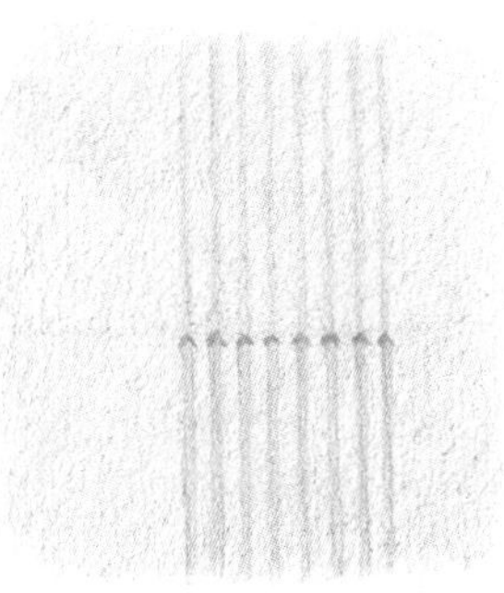

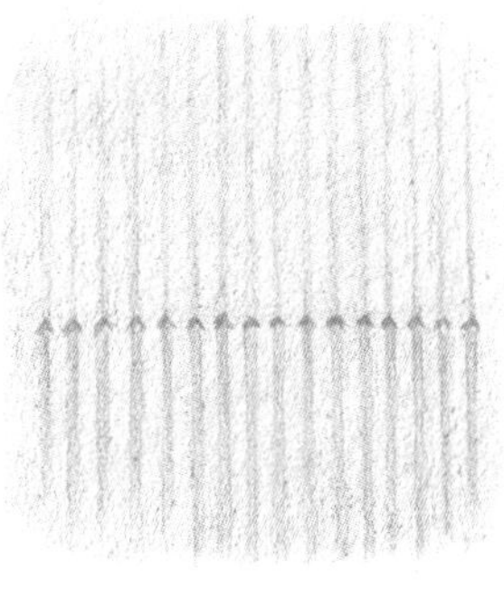

Step01 用绘图彩铅平铺出底色。

Step02 绘制出针织纹理的走向，纹理间距分布均匀。

Step03 深色条纹作为阴影。纹理图案大，图案间隔密集，阴影线较细；纹理图案小，图案间隔稀疏，阴影线较粗。

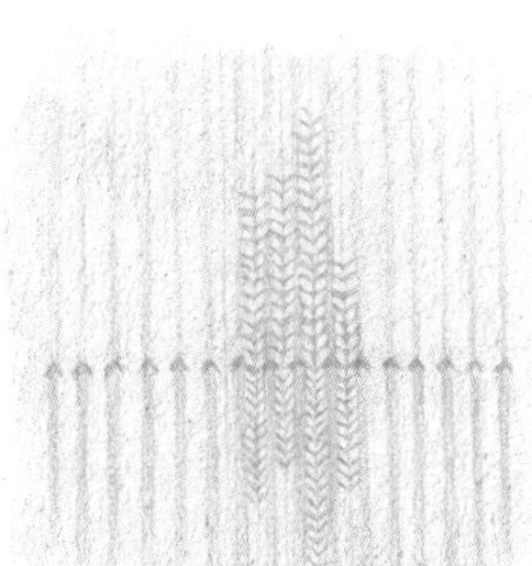

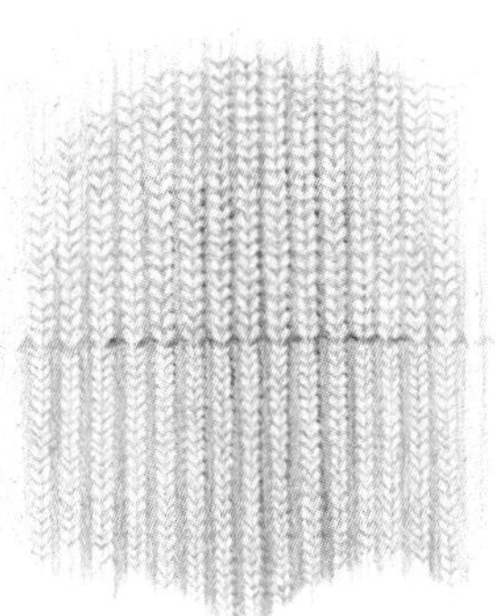

Step04 削尖笔尖，绘制出辫子状的编织纹理，纹理图案的大小与上一步确定好的阴影线宽度保持一致。

Step05 完成针织纹理的绘制，图案的大小尽量均匀。

Step06 添加阴影，表现出纹理的体积感。

拼色镂空针织面料（绘图彩铅与油性彩铅的综合应用）

针织面料中的镂空花形，通常是利用减针、放针（加针）或空针等方法，使织物底纹不均匀，因而产生的各种花形。

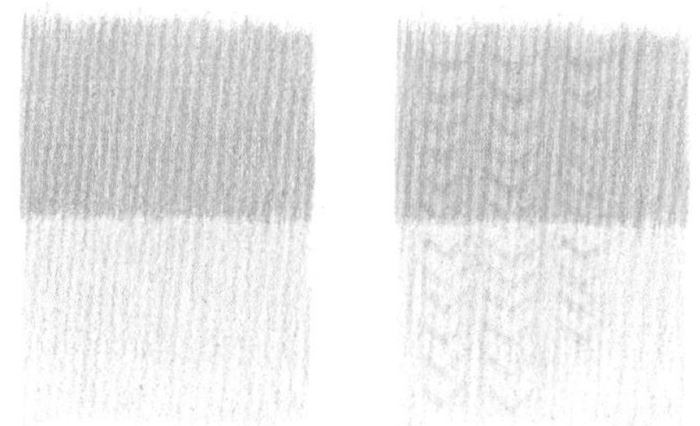

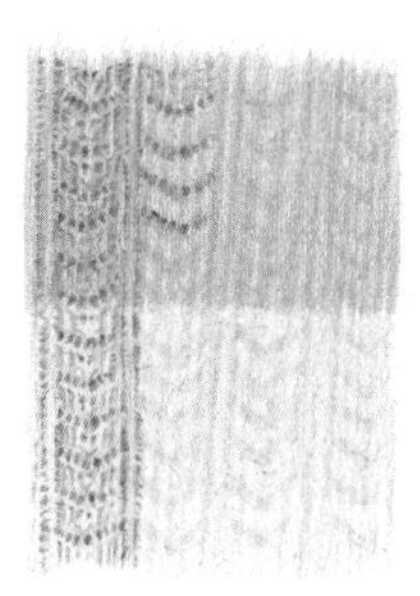

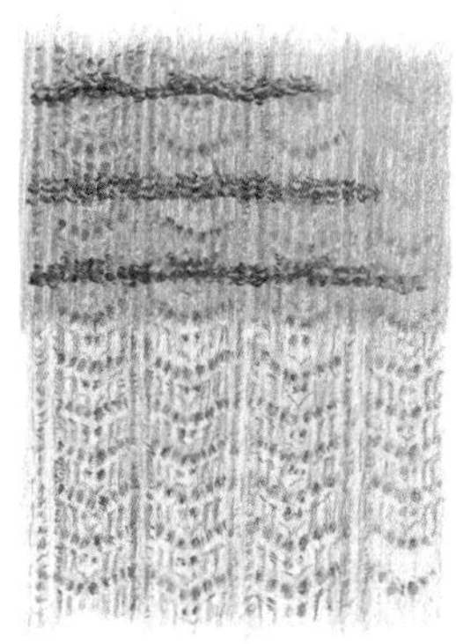

Step01 搭配好颜色，用绘图彩铅轻轻平铺底色，注意不要将颜色涂死。

Step02 用与底色相同的颜色描绘出针织图案。

Step03 用较深的颜色，以点状的笔触，绘制出镂空的花纹。

Step04 继续绘制镂空花纹，颜色要有一定的变化。

Step05 用最深的颜色绘制出最上层的图案，表现出混纺交织的效果。

绞花针织（绘图彩铅与水溶性彩铅的综合应用）

绞花针织面料最早是渔夫为了抵御寒冷而发明的厚实针织结构，使用了双层针数的编织技法，可以产生一种扭曲的立体图案。绞花的花形丰富多变，常见的有辫纹、绳纹、菱纹、8字纹、蜂窝纹等。

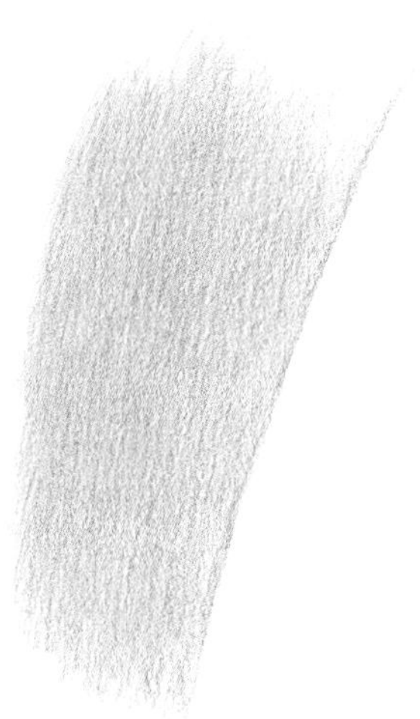

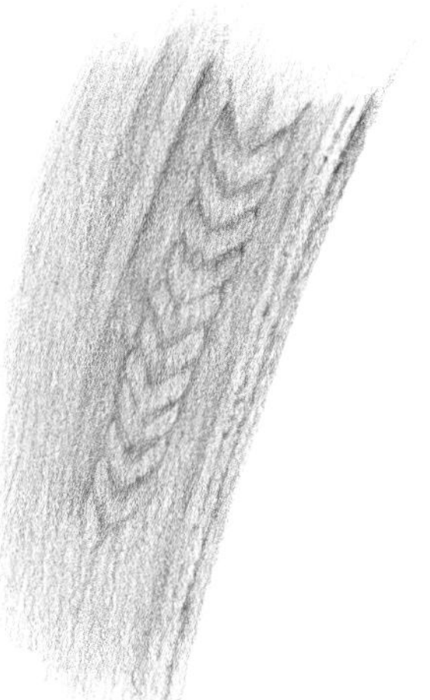

Step01 用绘图彩铅轻轻地铺出底色，颜色要均匀。

Step02 用同样的颜色，加重用笔力度，绘制出交叠的绞花纹样。因为织线较粗，绞花图案具有凸起的立体感，在绞花交叠处和外轮廓处添加阴影。

Step03 通过加重绞花图案的投影，增加过渡色，来表现图案的立体感。适当添加底纹肌理，丰富画面的细节。

色织面料（色粉彩铅与油性彩铅的综合应用）

色织是指先将纱线染色，再进行织布的方法。虽然色织面料大部分是梭织面料，但是针织机也可以做出色织针织布。与常规印染的面料相比，色织面料的图案有一定的立体感，可以根据纱线的不同而产生更丰富的变化。

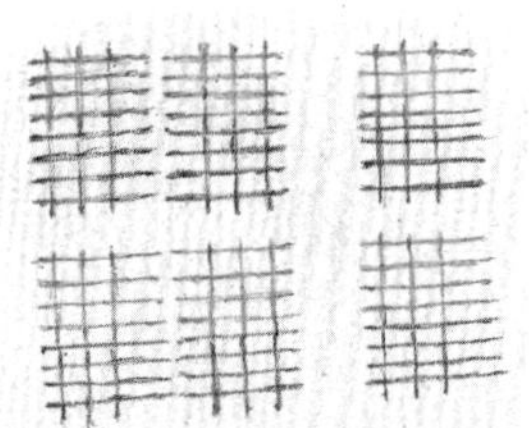

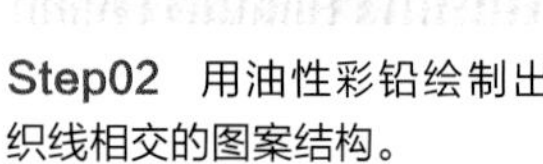

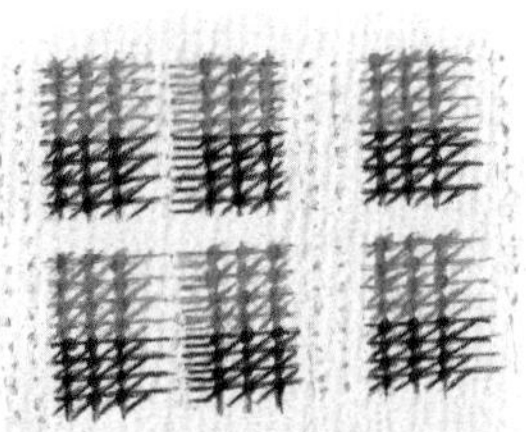

Step01 用色粉彩铅铺出底色，用纸擦笔将其涂抹均匀。

Step02 用油性彩铅绘制出织线相交的图案结构。

Step03 再次强调交织的经纬线，绘制出斜向的纱线。

Step04 在图案边缘进行过渡，表现出图案的立体层次。绘制出纱线交织的线迹，丰富细节。

马海毛针织(油性彩铅的应用)

马海毛是最具代表性的长绒织物之一，由马海毛织成的针织面料轻盈而蓬松，在表现时不像其他针织面料那样绘制规律的纹理，而是用较为随意的短线条来表现其表面长绒毛。

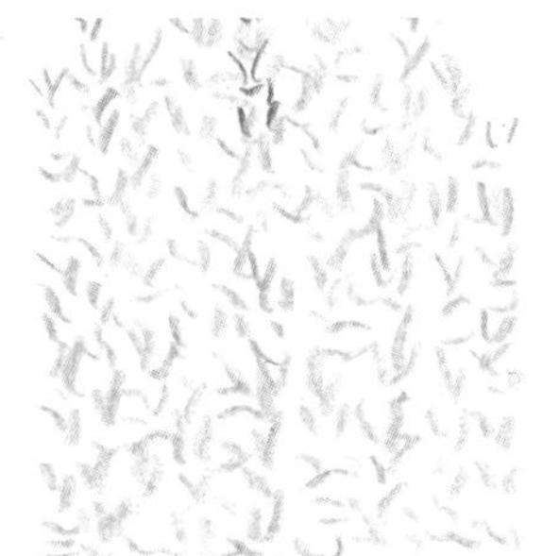

Step01　由浅色开始绘制，先绘制出较为稀疏的短线条。

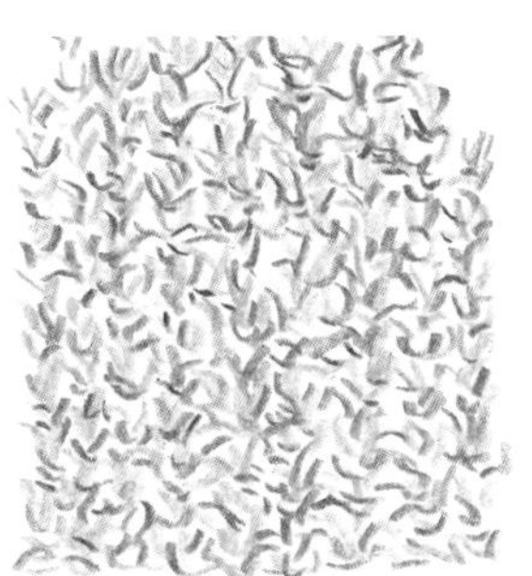

Step02　用不同的颜色，继续画出交错的短线条，但要留出一定的空白，不要全部画满。

Step03　增加深色短线，进一步拉开对比度，通过笔触的疏密表现出纵向的纹理，留白处作为纹理的高光。

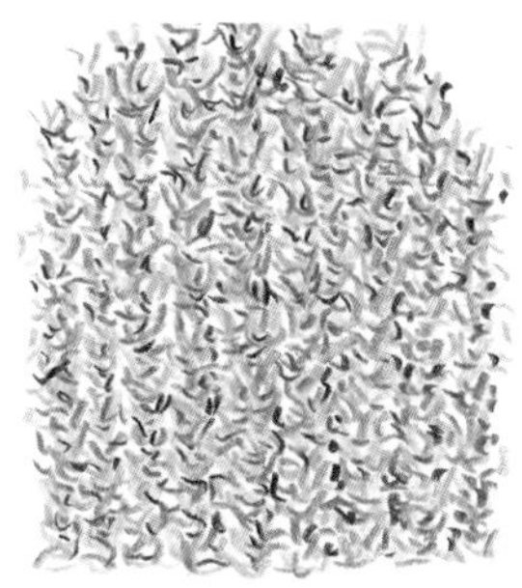

Step04　用深色加重每列纹理的阴影，表现出纵向排列凹凸的立体感。

罗纹口(油性彩铅与水彩的综合应用)

罗纹口是通过纱线圈套形成类似规律的细压褶纵向纹理，具有非常强的伸展性，主要用来给针织面料收口，同时能够避免针织面料卷边。在绘制时要强调其有规律的凹凸感，避免细节画得过于呆板。

Step01　用水彩铺一层整体底色。

Step02　适当控干水彩笔尖的水分，绘制出罗纹的走向。用油性彩铅绘制纱线的走向。

Step03　纱线会根据罗纹的凹凸而起伏，用油性彩铅将纱线排列绘制完成。

Step04　用更尖锐的笔尖绘制出纹理细节。

1.4.8　流苏

纤细的丝线、质朴的绳子、等宽的布条都可以用来制作流苏，正是因为制作材料的不同，流苏的外观可以呈现出极为丰富的变化。

静态双色流苏(油性彩铅的应用)

双色流苏是利用接色技法绘制的。案例表现的是纤细的丝绦流苏，色彩的过渡不能反复涂抹，而是通过控制笔触的轻重来实现。

Step01　画出均匀排列的细线，起笔重收笔轻，线条的尾端自然消失。

Step02　用另一种颜色反向运笔排线，完成流苏尾部的绘制，形成色彩的自然过渡。

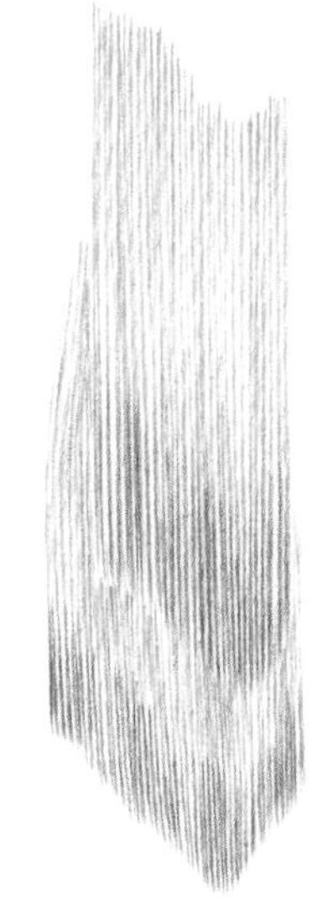

Step03　用同样的方法绘制第二层流苏，下层流苏与上层流苏之间的笔触不要交叠，要适当留白，表现出空间感。

动态双色流苏（油性彩铅的应用）

流苏的动态感是通过线条弧度的变化来实现的。线条整体呈放射状，但每条线的弧度都要有变化，线条之间也要有疏密变化。

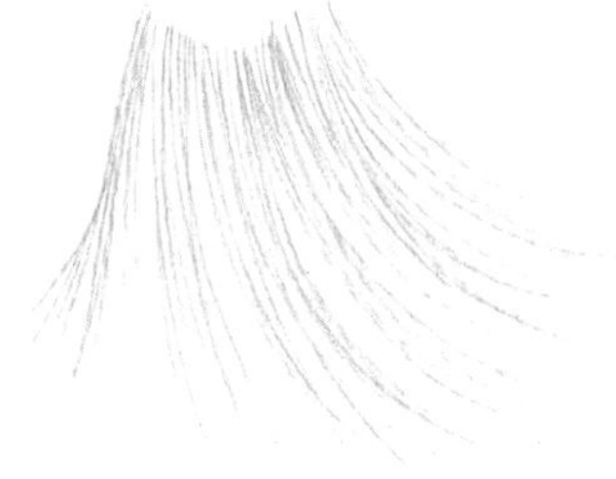

Step01 用不同弧度的线条排列出流苏的上半部分，线条的排列要有疏密变化，线条间可以适当交叠。同样通过控制用笔力度来表现线条颜色的深浅。

Step02 用另一种颜色绘制流苏的下半部分，下半部分尖端的弧度翘起，并且保持线条的流畅感。

Step03 用同样的方法绘制第二层流苏。第二层流苏与第一层流苏的交叠处要适当空开，形成上下的层次感。

格纹流苏（油性彩铅的应用）

由色织的格纹面料的边缘纱线制成的流苏，会受到纱线颜色变化的影响。

Step01 勾勒出大体的轮廓，注意流苏间的前后遮挡关系。

Step02 填充格子的色块，描绘出交叠的条纹图案。

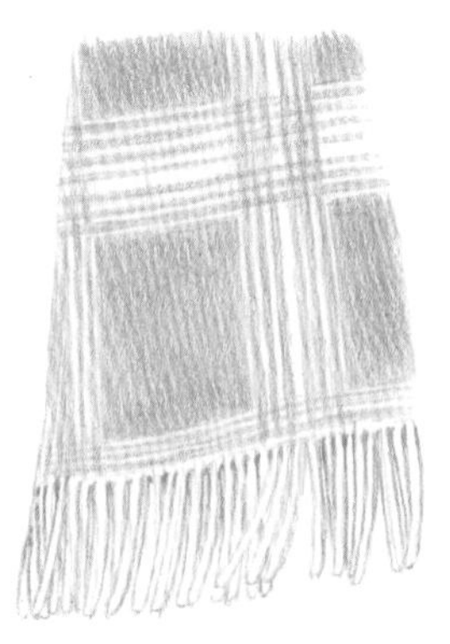

Step03 用彩铅勾勒流苏轮廓，添加阴影，进一步区分流苏条的前后层次。

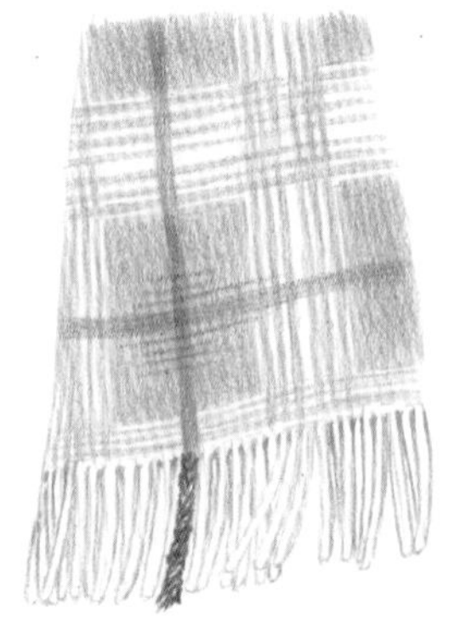

Step04 绘制出深色的细格纹，深色延伸到流苏上，在流苏上绘制出扭动的绳纹。

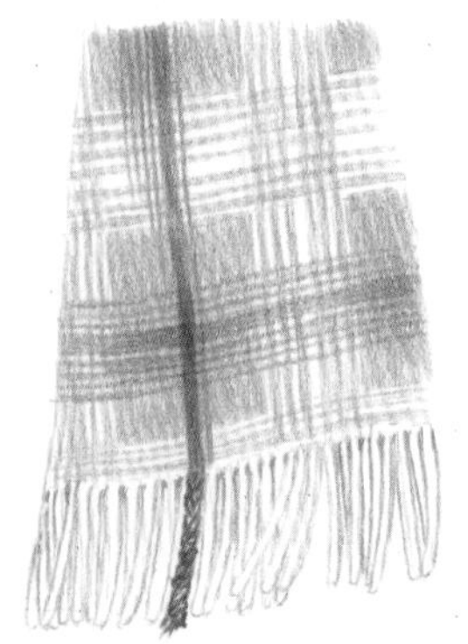

Step05 继续绘制辅助的细条纹，表现出色织的效果。

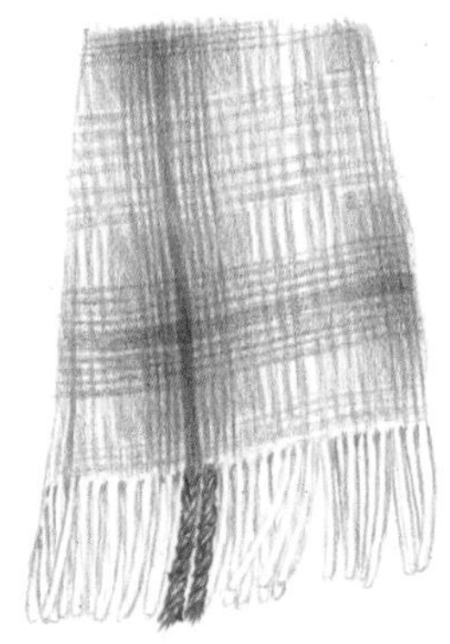

Step06 纵向的细条纹影响到下摆流苏的颜色，流苏颜色的变化和深色细格纹相对应。

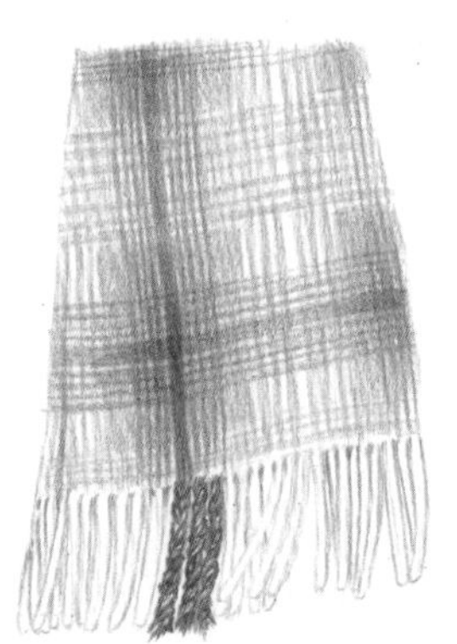

Step07 选择稍浅一些的颜色继续绘制流苏的绳纹，这种颜色和方块格子相对应。

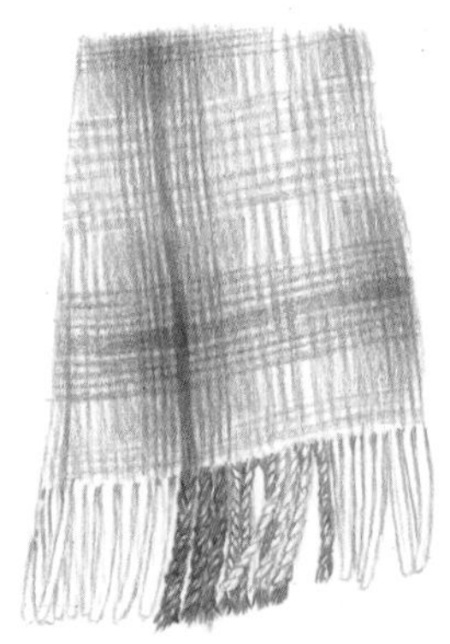

Step08 用再浅一些的颜色绘制流苏的绳纹，对应格纹最浅的部分，尤其是上层的流苏要留出高光，体现出层次感。

克里斯特巴尔·巴伦夏加（Cristobal Balenciaga） 1952年发布

珍妮·朗万（ Jeanne Lanvin ） 1924 年发布

复古风（VintageStyle）发型与发饰（headwear）

艾尔萨 · 夏帕瑞丽（Elsa Schiaparelli） 1950 年发布

艾尔萨 · 夏帕瑞丽 1939 年发布

查尔斯 · 詹姆斯（Charles James） 1953 年发布

杰奎斯·菲斯（Jacques Fath） 20 世纪 50 年代发布（左上） 克里斯特巴尔·巴伦夏加 1953 年发布（右下）

休伯特·德·纪梵希 1952年发布（上）　杰奎斯·菲斯 20世纪50年代发布（左）　杰奎斯·菲斯1951年发布（右下）

东方风格直裁外套（两款） 20 世纪 20~30 年代

Step09　用同样的方法完成右侧流苏的绘制，通过流苏的前后交错表现其动感。

Step10　完成左侧流苏的绘制，丰富颜色，调整细节层次。

1.4.9　亮片面料

亮片的材质非常丰富，有带光泽的金属亮片，也有半透明的塑料亮片，其形状和大小也各不相同，会呈现出十分多变的外观，因此在绘制时采用的技法也非常多变。

亮片流苏(油性彩铅的应用)

圆形的亮片较为随意地分布在形态规律的流苏上，亮片的光泽感和流苏的亚光形成对比。

Step01　用铅笔绘制流苏的轮廓。

Step02　在流苏上分散绘制出亮片的位置，亮片的数量可以根据自己的需求来定。

Step03　绘制流苏底色的阴影，表现出流苏的厚度。

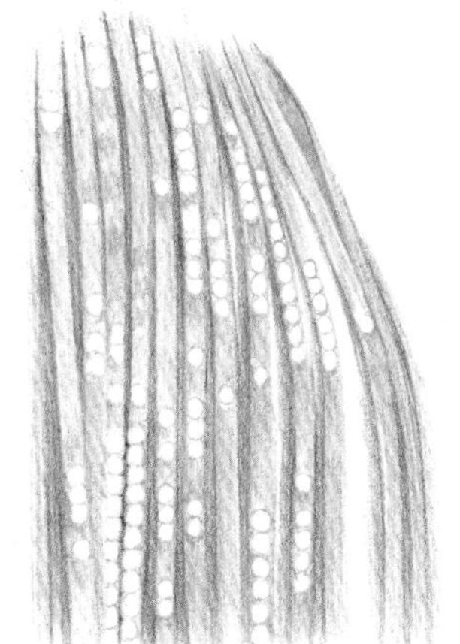

Step04　绘制流苏的固有色，表现流苏凹凸起伏的肌理，可以通过控制用笔的轻重使笔触颜色产生变化。

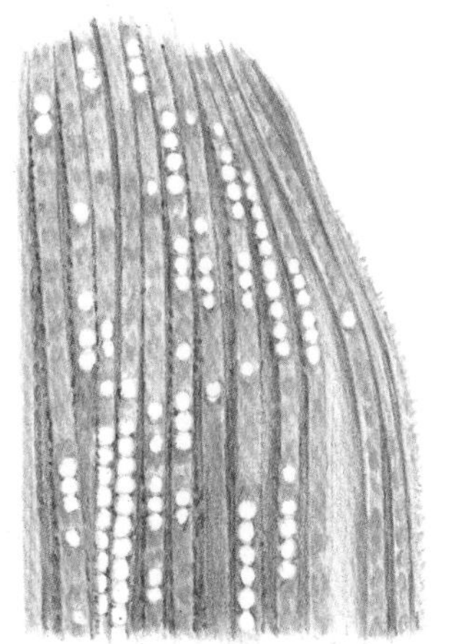

Step05　继续绘制流苏，丰富流苏的色彩，衬托出亮片的形状。

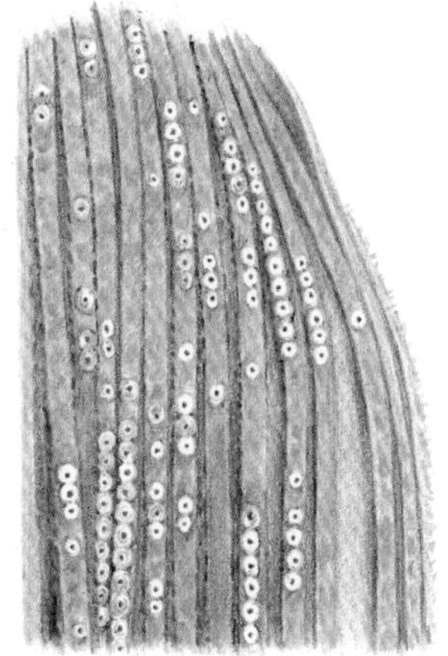

Step06　表现亮片的光泽感。亮片受到周围环境色的影响，反光是彩色的。每个亮片的颜色可以不同，或是由多个颜色组成。

刺绣亮片（油性彩铅的应用）

由块状的小亮片所形成的面料，在绘制时不需要强调单个亮片的形状，而是整体塑造出面料闪烁的光泽感。

Step01　绘制出断续、不连贯的色块。

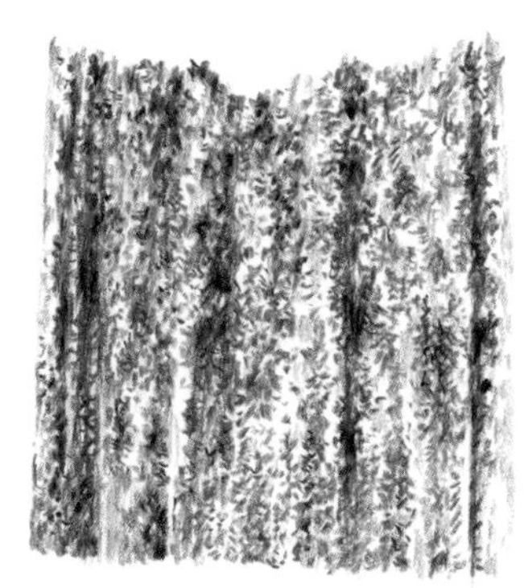

Step02　用参差不齐的点状笔触，绘制出深浅对比强烈的色点，用深色绘制褶皱的阴影，褶皱高光处留白，表现出褶皱起伏的立体感。

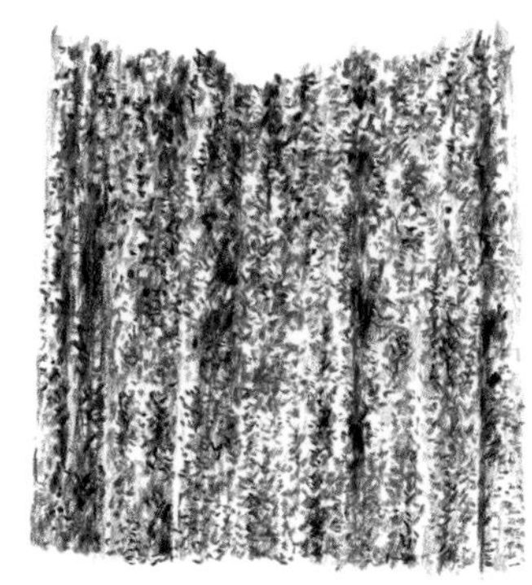

Step03　用对比色来表现亮片的反光，进一步通过点状笔触加强明暗对比，并整理高光的形状，表现出亮片光芒闪烁的效果。

1.4.10　印花面料

印花面料的花形图案非常多。在表现印花面料时，如果是较为零散的图案或碎花图案，可以将图案平铺，然后绘制出织物褶皱的起伏即可；如果是大花形或有规律的图案，在绘制时要表现出花形被褶皱打断或者随着褶皱起伏变形的状态。

碎花

碎花面料的绘制比较灵活，只要确定好图案的位置即可。

Step01　用铅笔绘制出衣纹褶皱。

Step02　绘制裙子正面碎花图案的浅色部分。

Step03　将碎花图案的浅色部分绘制完成，褶皱侧面部分图案会被遮挡住，只需绘制一部分图案即可。

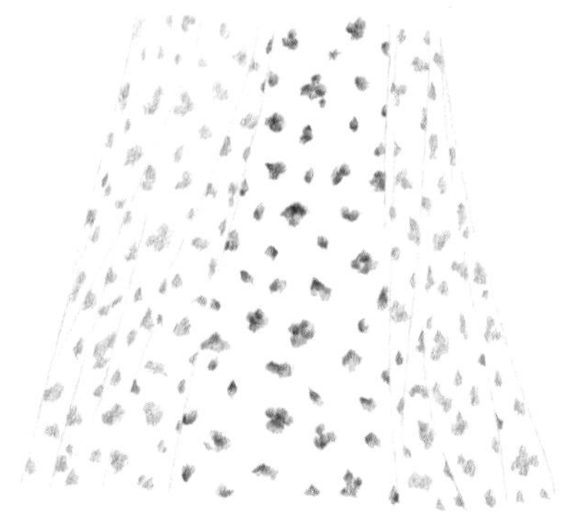

Step04　绘制碎花图案的深色部分，增加图案的层次感。

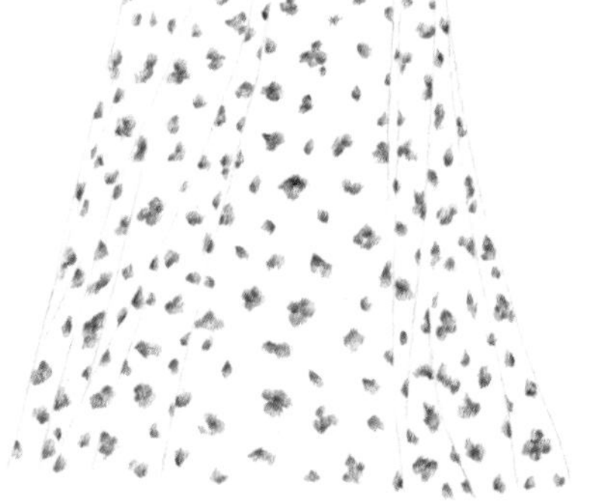

Step05　完成图案深色部分的绘制，起伏的褶皱同样会在碎花上产生阴影，处于褶皱侧面的碎花图案需要适当加深。

Step06　添加辅助的叶子，要留意叶子的伸展方向。

Step07　完成叶子的绘制。

Step08　添加褶皱的阴影，表现出服装的立体感。

双色印花

案例表现的是具有平面装饰风格的印花图案，图案本身的色彩比较单纯，要表现出图案受到褶皱影响而发生错位的情况。

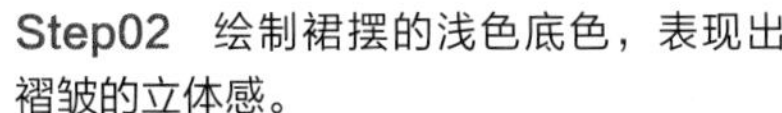

Step01　用铅笔勾勒出裙摆的轮廓。

Step02　绘制裙摆的浅色底色，表现出褶皱的立体感。

Step03　加重褶皱的阴影，丰富色调层次。

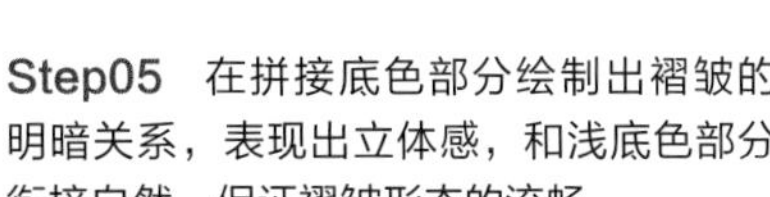

Step04　为拼接的色块铺出底色。

Step05　在拼接底色部分绘制出褶皱的明暗关系，表现出立体感，和浅底色部分衔接自然，保证褶皱形态的流畅。

Step06　用铅笔勾勒出图案的形状，图案因为褶皱的起伏会产生错位。

Step07　填充图案的颜色，先填充单一颜色。

Step08　根据裙摆的褶皱来绘制图案的深浅，表现出图案附着在面料上，随着褶皱起伏的效果。

Step09　用同样的方法勾勒辅助图案。

Step10 完成辅助图案的绘制，同样要注意褶皱对图案的影响。

Step11 用同样的方法描绘另一种颜色的图案。

深底色印花

彩铅属于半透明材质的绘画工具，覆盖力较弱，因此在多层叠色时，浅色很难覆盖深色。所以，在绘制深底色印花时，要先绘制浅色的花形图案，添加底色时也要小心地避开图案。

Step01 先平铺出图案的底色组合。

Step02 用深灰色铺出底色，底色和图案之间要适当留出白色空间。

Step03 完成底色的初次铺色，不要让底色弄脏图案。

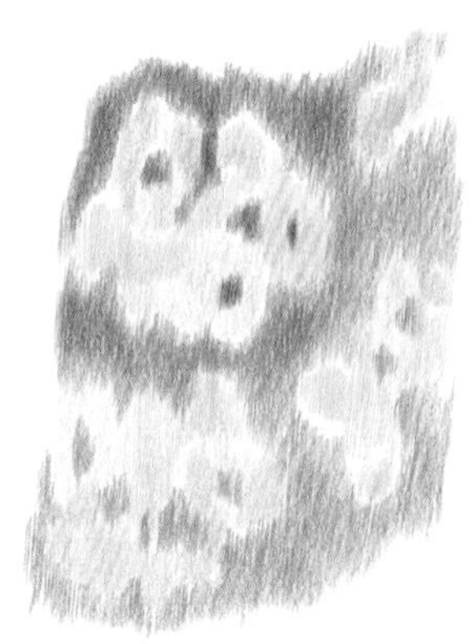

Step04 叠色加深底色。

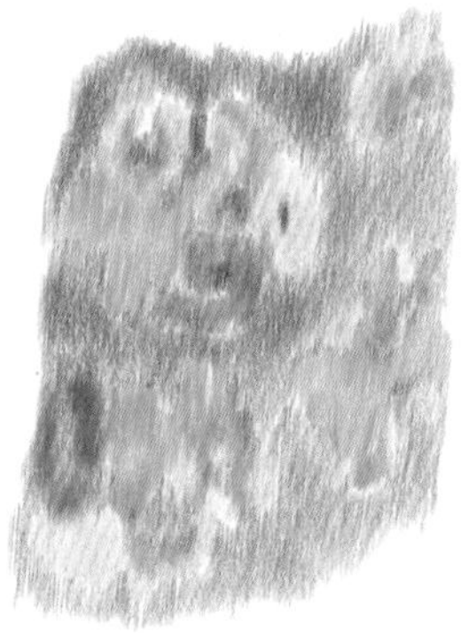

Step05 为图案花形添加细节，丰富印花的层次。

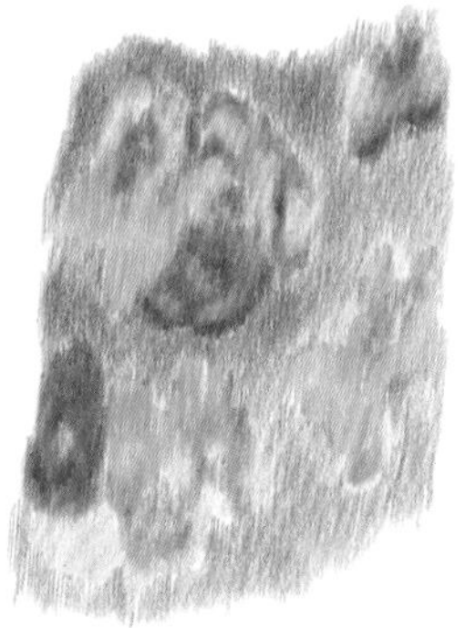

Step06 在图案和底色相交的留白处添加过渡色。

Step07 处理完成图案和底色的边缘过渡，形成图案轮廓的模糊效果。

Step08 用黑色加深底色，但黑色不要涂死，要逐渐向边缘过渡。

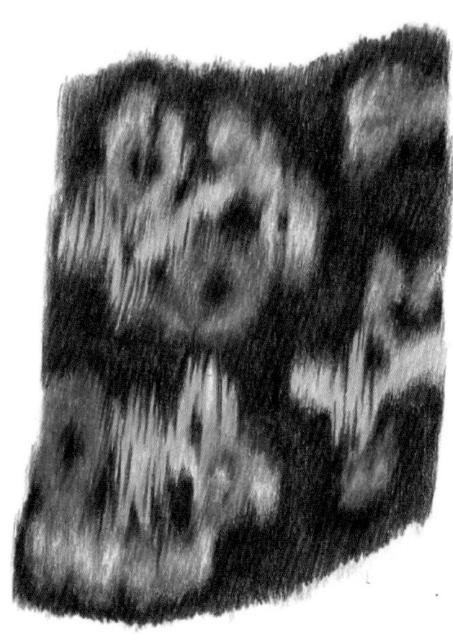

Step09 深色可以覆盖浅色，因此可以用底色的画笔来修饰图案细节，表现出织物的纤维感。

1.4.11 材料综合运用与肌理表现范例

Chapter

02

第二章 时装画中的人物与服装

2.1 时装画中的人体表现

作为服装的“支架”，人体的重要性不言而喻。时装画中的人体，是比现实生活中更为理想化的人体。在表现时，需要结合比例、结构、重心和动态等几方面，塑造出和谐、优美的人体。

2.1.1 人体比例

时装画中的人体比例普遍为8.5头身和9.5头身。一个头身即以一个头长为测量单位，测量从头顶到脚后跟的长度。

时装画使用的模特造型会与实际人体形象有所不同，出于画面效果的考虑，人体各部位的比例会相应变形。如有些特别需要强调裙摆设计的时装画就会夸张腿部的长度；也有为表现人物形象把模特造型描绘得极其消瘦等。变形的程度取决于设计师的个人喜好，但要尽可能符合视觉审美。这些变形都基于基本的人体比例，因此对基础比例的掌握一定要到位。

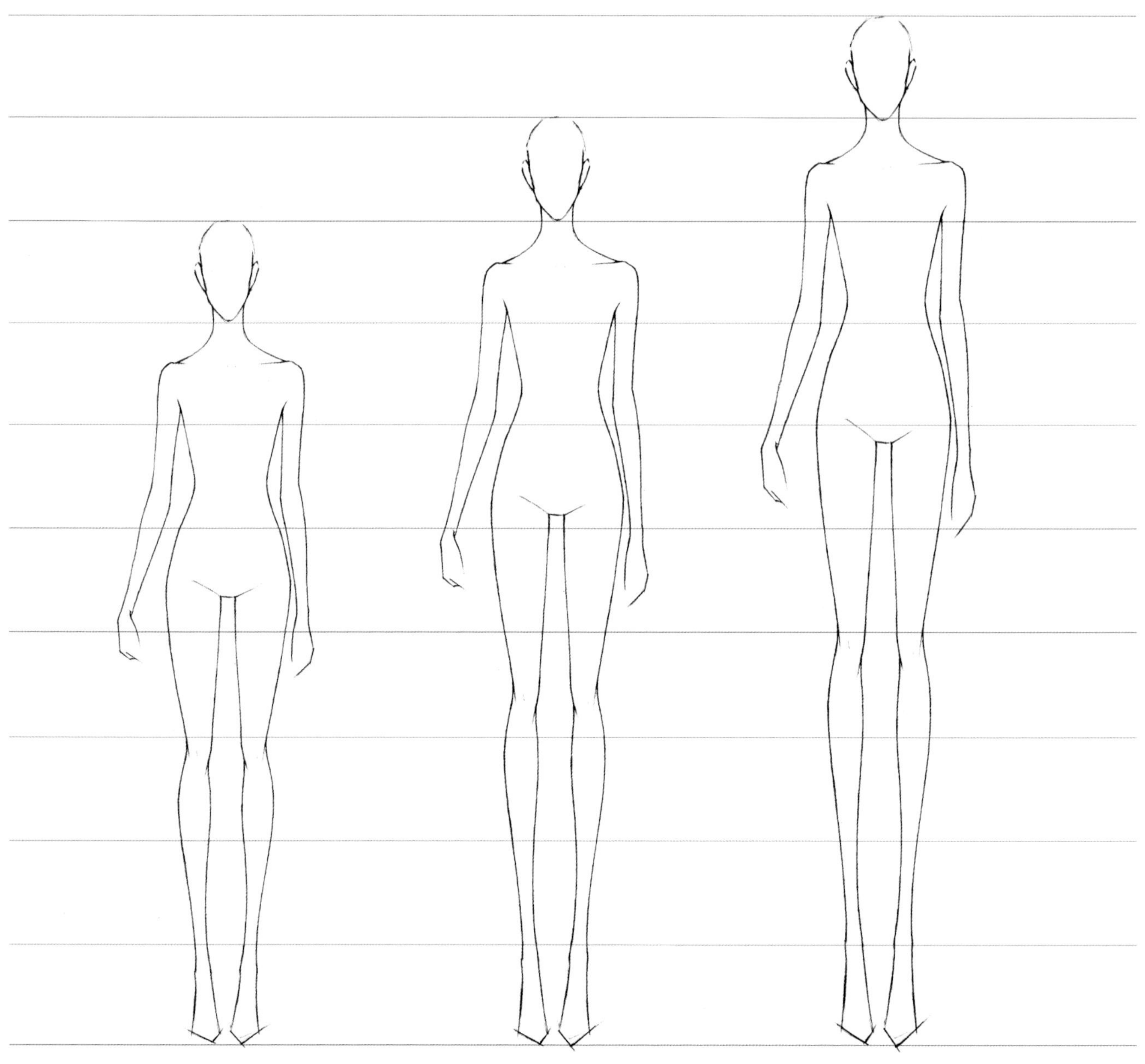

日常的人体比例　　时装画中8.5头身人体比例　　时装画中9.5头身人体比例

2.1.2 人体的结构

人体的起伏微妙，结构相当复杂。作为初学者，在学习表现人体时，可以将人体拆分为不同的“部件”逐一攻克，最后再将其组合起来。

头部结构

头部是时装画中人物表现的重点，展现人物的面貌形象，发型、妆容和头饰都依附于头部结构。建议读者可通过一些解说人体结构的相关书籍详细了解人体。时装画中常用的有三个角度的头部形象，分别为：正面、正侧面及3/4侧面。

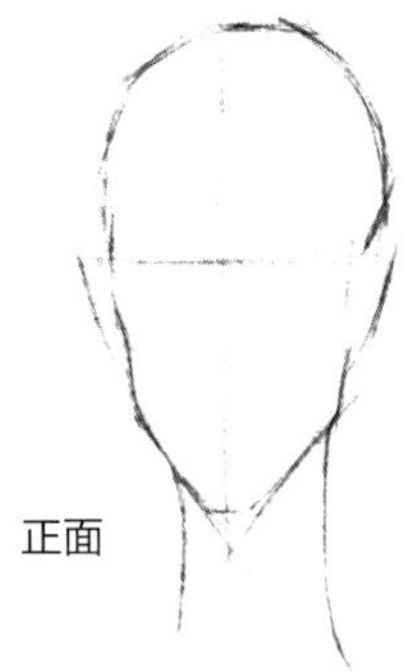

正面

Step01 画头部的外形轮廓。标出人中线的位置和眼睛的位置线。

Step02 确定五官的位置。先确定三庭五眼的五官位置再做特征调整。

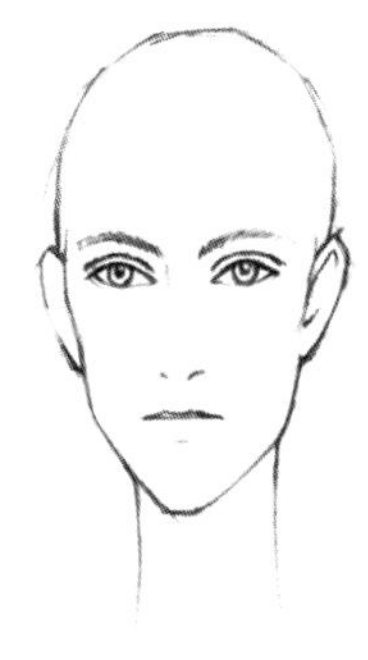

Step03 描绘具体的眉毛、眼睛、口鼻和耳朵。

Step04 顺着头发的走势设计发型。不同的发型效果体现在笔触上。

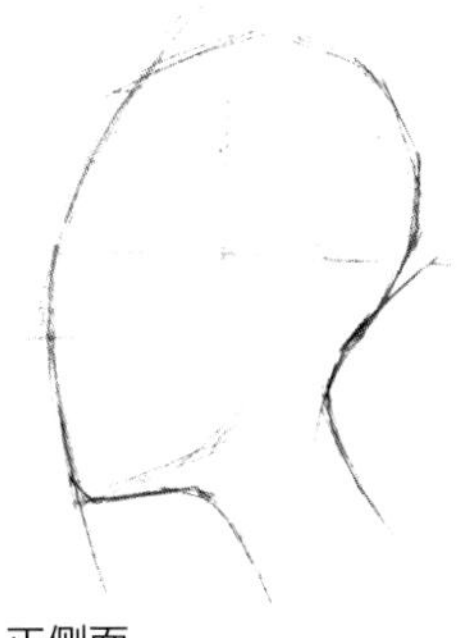

正侧面

Step01 画头部的外形轮廓。标出人中线的位置和眼睛的位置线。

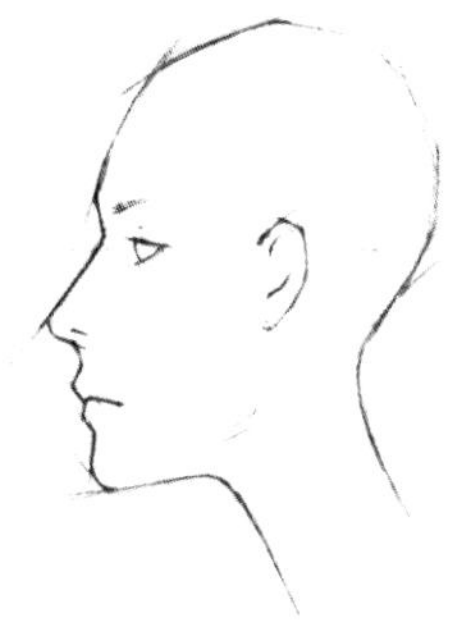

Step02 确定五官的位置。先确定三庭五眼的五官位置再做特征调整。

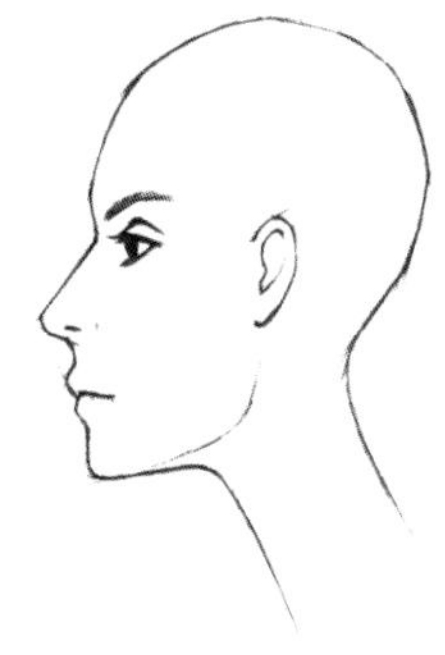

Step03 描绘具体的眉毛、眼睛、口鼻和耳朵。

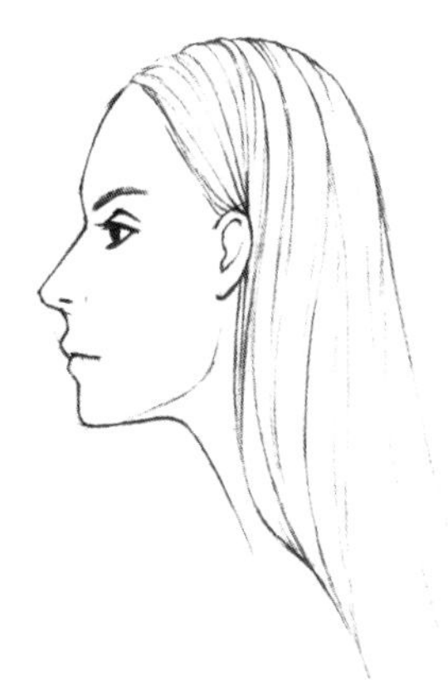

Step04 顺着头发的走势设计发型。不同的发型效果体现在笔触上。

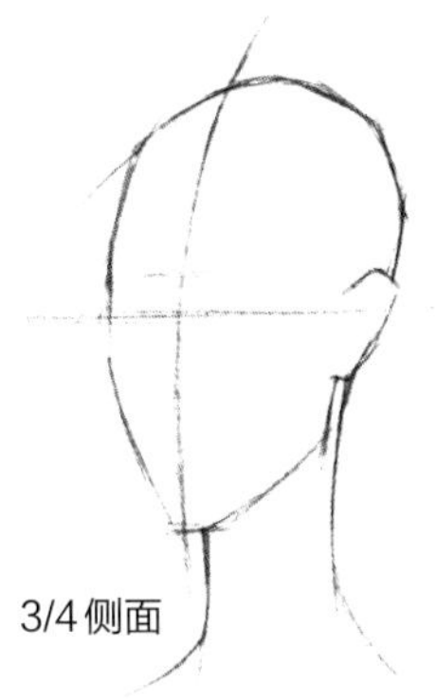

3/4侧面

Step01 画头部的外形轮廓。标出人中线的位置和眼睛的位置线。

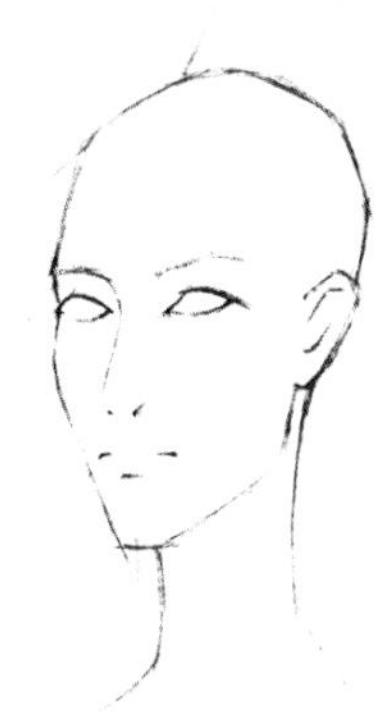

Step02 确定五官的位置。先确定三庭五眼的五官位置再做特征调整。

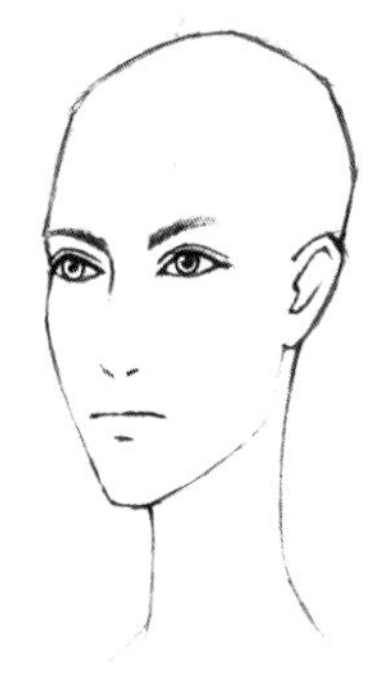

Step03 描绘具体的眉毛、眼睛、口鼻和耳朵。

Step04 顺着头发的走势设计发型。不同的发型效果体现在笔触上。

发型的表现

发型在服装设计中占据着重要地位，不同风格的发型和服装相搭配，能使整体造型更加丰富完善。在绘制发型时，切忌一开始就追求繁复的细节，而是要从整体入手，先考虑发型和头骨之间的关系，再对发型进行分组并塑造出层次，然后梳理发缕间的穿插和叠压关系，最后再刻画发丝细节，表现出发型的风格特点。

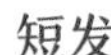

短发

Step01 起稿描绘出发型和五官的大致轮廓，超短发的发丝很短，可以用块形进行分组。

Step02 从分缝处开始对头发进行分组，将每组头发的上下层次做好区分，额头处刘海的卷曲变化要细致处理。

Step03 细致描绘头发的层次。超短发的发丝虽短，但要画出每组头发的体积和厚度，这样才能表现出头发的蓬松感。

中短发

Step01 用铅笔轻轻起稿。五官要注意3/4侧面的透视，发型在头顶部分包裹着头颅，呈现出明显的球形，刘海较为厚实，搭在额头上。

Step02 头发分缝，头顶的头发和刘海根据发丝的走向进行分组，整理发梢的细节。

Step03 描绘五官的细节。根据上一步的分组对头发进行细化，表现出每缕头发形态上的变化，头顶和刘海凸起的高光处要保持留白。

卷发

Step01 用铅笔起稿，表现出五官和发型的大致轮廓，五官要注意俯视的透视，头发根据发卷的起伏进行分组。

Step02 细化五官。用连贯的长曲线勾勒出头发形状，细分出层次，注意每缕头发卷曲和叠压的关系。

Step03 通过排列的短弧线来表现发卷波浪状的起伏。发卷的暗部线条排列密集，受光部保持留白，通过明暗对比来表现发卷的体积感。

中长发

Step01　概括出头颈部的形体，用辅助线确定五官的位置。

Step02　绘制出五官的具体形态，确定发型的大致轮廓，保证头发的厚度，根据发丝走向进行分组，表现出头发的蓬松感。

Step03　用橡皮擦除草稿，只留下浅浅的印记。用清晰、连贯的长曲线描绘出表层发丝的细节，耐心整理发梢。

Step04　用清晰的线条刻画五官细节。

Step05　绘制内侧和颈后的头发，表现出前后空间感，注意发丝上下层次的叠压关系。

长发

Step01　用长直线概括出头、颈、肩的关系，找准面部中线的透视，用辅助线定位五官的位置。

Step02　概括出五官的大致形态，注意因为面部侧转而产生的透视关系。头发的分缝线和头部中线保持一致，同时要体现出头发的厚度。要理清每缕头发的走向和上下叠压的关系。

Step03　擦除不需要的辅助线，用清晰的线条绘制五官和头发。

Step04　从靠近面部的位置开始添加发丝细节，强调每缕头发的暗部和叠压处的阴影部位，增加头发的层次感。

Step05　添加五官细节，完成头发的细节刻画。

发饰的表现

发饰多种多样，主要可以分为两类：一类是造型较为独立，和头部结构没有太大关系的，这类发饰只需要关注其本身造型和材质即可；另一类是整体或局部依附于头部，通过头部加以固定，绘制这类发饰要把握好头部和饰品间的关系。

发箍

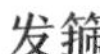

Step01 起稿描绘出头部和饰品的大致轮廓。头部的侧转会对五官透视产生明显的影响。发箍从前额顶部到后脑下部，斜向紧扣头部。

Step02 清除草稿，只留下浅浅的痕迹，从头顶开始用肯定的线条表现出发箍镶嵌部分的厚度和硬度。

Step03 细化五官和发型，发丝的走向会受到发箍的影响而有所改变，发丝和发箍会形成软硬质感的对比。

Step04 完成发箍装饰细节的绘制，表现出发箍扣压头发的厚重感。

鸭舌帽

Step01 用长直线起稿，大略绘制出头部和帽子的轮廓，帽圈要扣合头部，帽顶的高度要包裹住头顶。

Step02 绘制五官细节，注意侧面五官的透视关系。

Step03 用清晰的线条勾勒帽子，帽圈和帽檐的线条流畅，帽顶的质地柔软，会产生较多褶皱。

Step04 细致描绘出发辫的穿插关系，根据发丝的走向进一步对后脑勺的头发进行分组。勾勒领口，细化领花。

Step05 描绘发丝的细节，表现出发辫的立体感和后脑勺头发的层次感。添加一些细小的碎发，整理发梢的形态，使头发更加生动。绘制出领口缝纫线的细节。

头部表现范例

躯干结构

人体躯干是承载服装的主要部分，了解躯干的立体结构对进行造型设计尤为重要。在平面画图像的表达中，须认识到躯干的每个部位对面料起伏产生的影响以及躯干运动时会出现的褶皱变化。图中所标示的人体结构转折线会影响实际服装制版。服装的实际造型与服装和躯干的空间距离有着相当大的关系。决定服装造型的关键部位为：肩点、胸点、胸围线、腰围线、臀围线与大腿根的位置等。

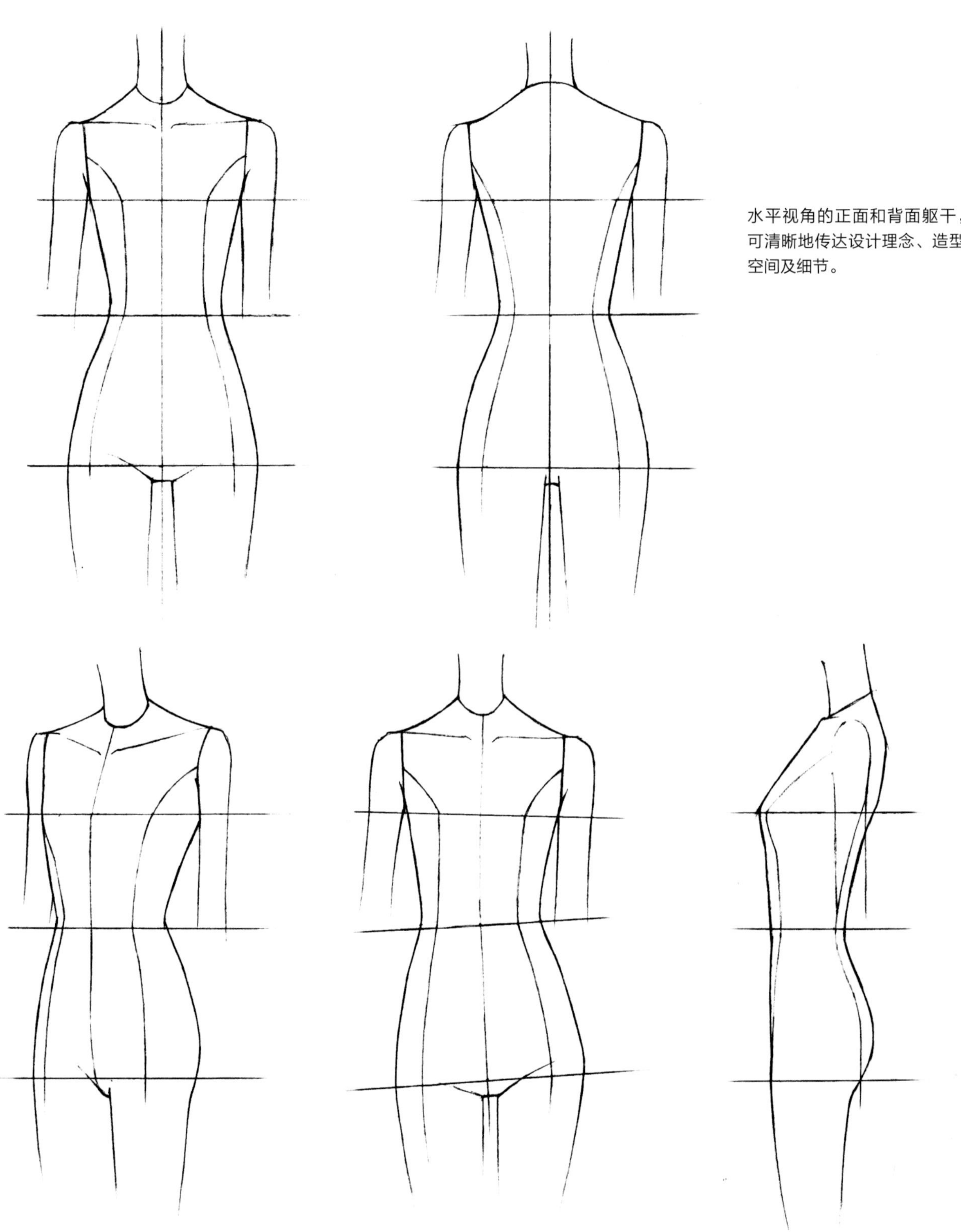

水平视角的正面和背面躯干，可清晰地传达设计理念、造型空间及细节。

3/4侧面的躯干，要注意透视以及躯干和手臂的前后关系。

正面有动态的躯干，要注意肩部与臀部的扭动。

正侧面的躯干，手臂会对躯干产生较多的遮挡，一般用于展示侧面有特殊设计的服装。

手与手臂结构

手部包括手掌和手指，通过腕关节与手臂相连。手腕和关节的协调运动能展现不同的手部“表情”(留意关节的运动规律)。

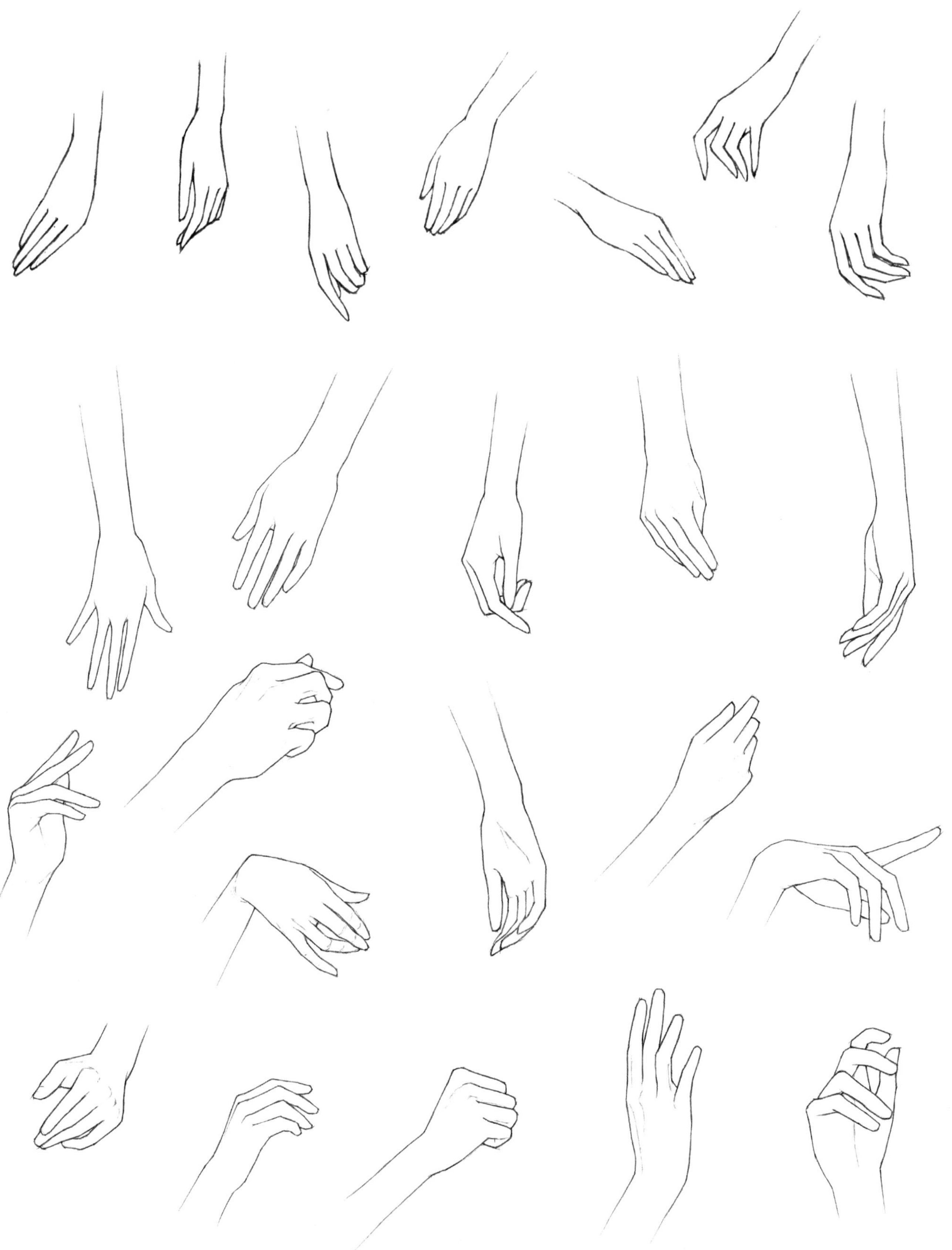

手部的各种动态

手臂结构从肩部开始分为上臂、肘部、小臂、手腕和手掌，强调服装袖子、首饰或手袋时，可选择自然下垂、运动摆臂状态或是掐腰的动作等。

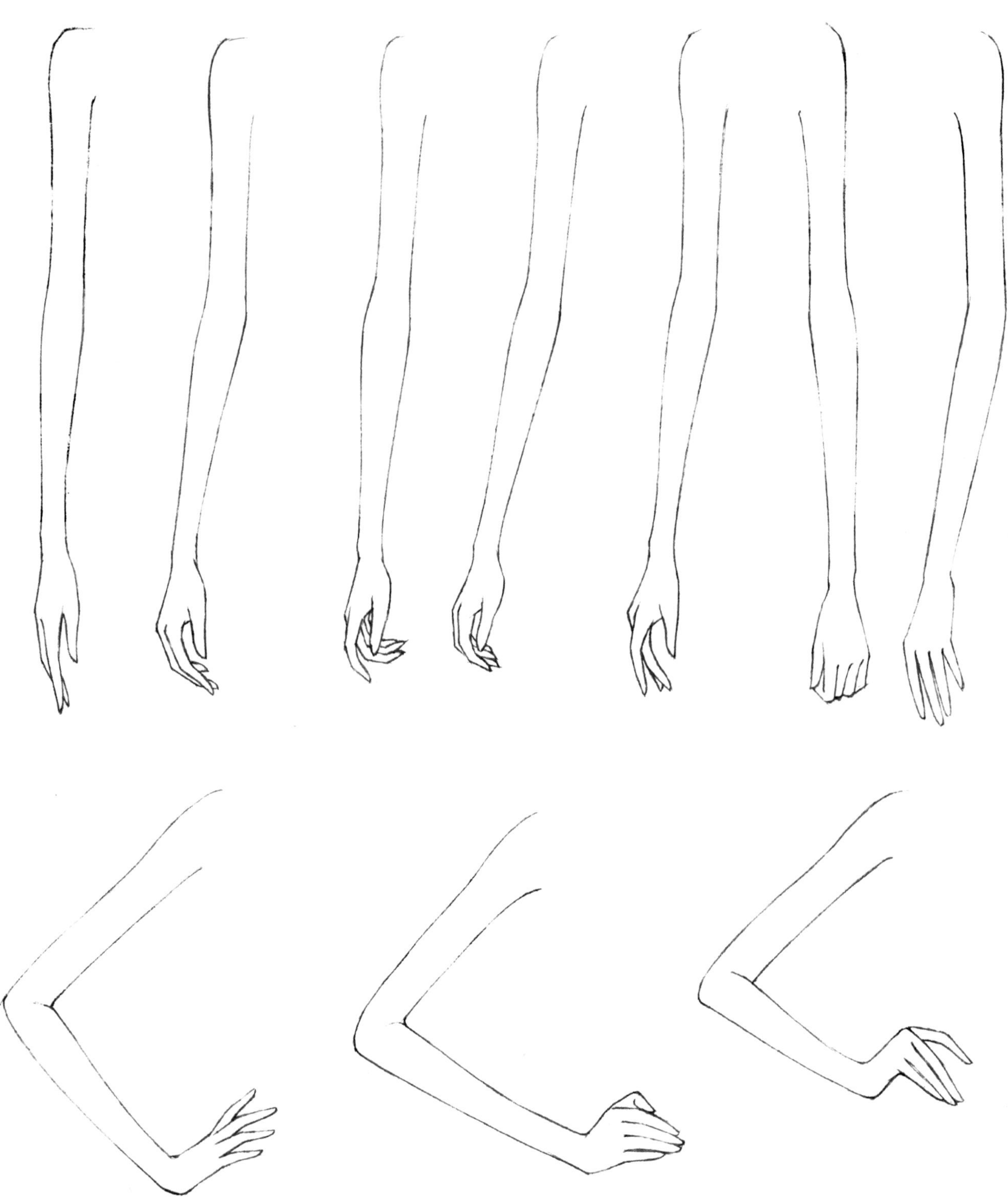

手臂的各种动态

腿与脚结构

腿部在人体比例中占据了大部分位置，是支撑人体重量的部位。人体的站立、行走等动态主要是通过腿部表现的。腿部的长度比例会改变人体模特的视觉效果。在绘制时要注意，腿部因为关节的结构，在不同的角度会形成微妙的弯曲，而非单一的直线。脚则由脚跟、脚掌和脚趾构成。在绘制时装画时，鞋跟的高低决定了脚的透视以及鞋面造型。

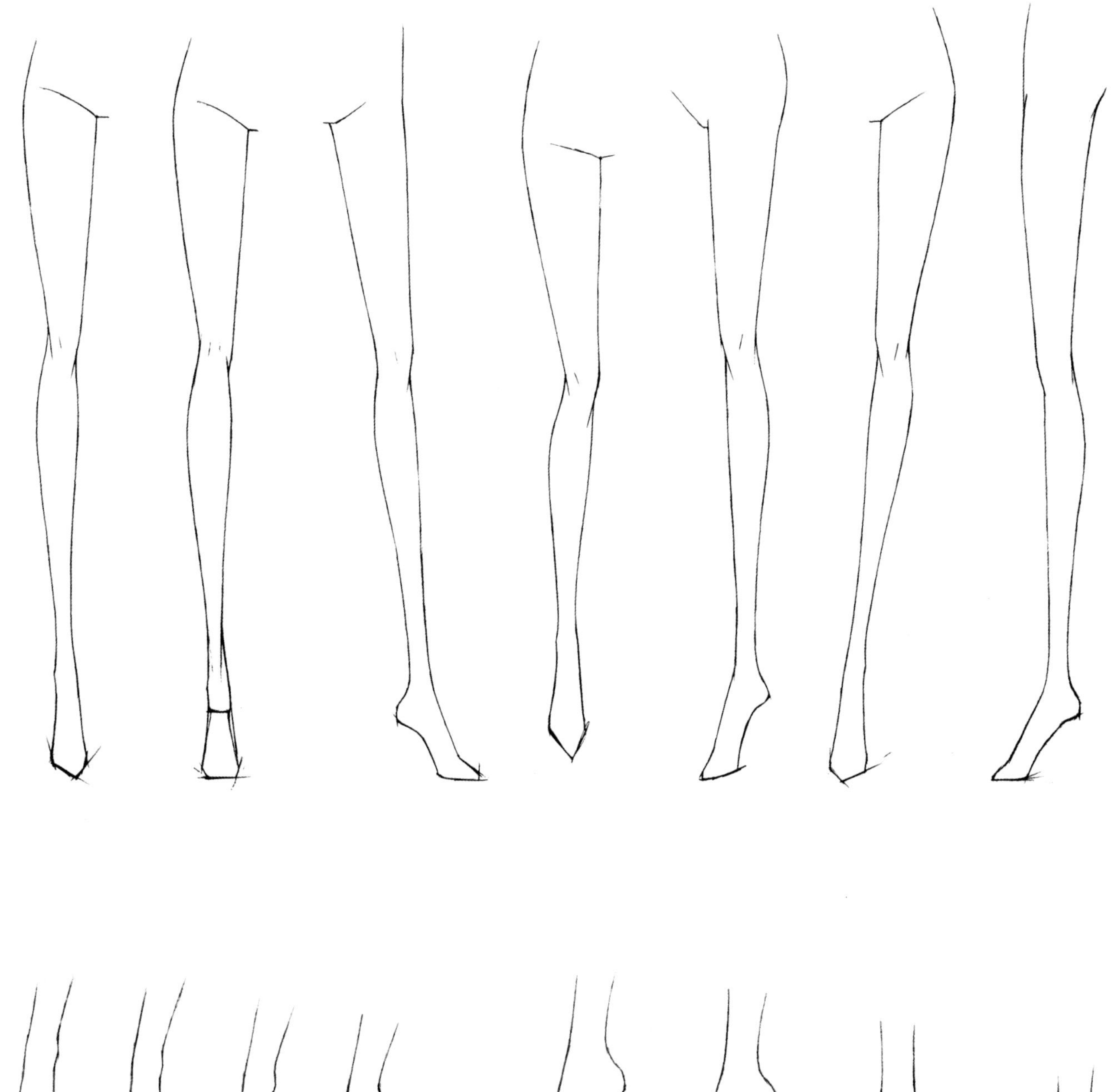

腿与脚的各种动态

2.1.3 人体动态与运动规律

在时装画中，人体动态主要用于对服装的展示。我们可以根据服装的造型来选择既具有动感，又对服装产生较少遮挡的动态。动态主要因身体的扭转而产生，四肢则要通过运动对身体进行支撑，使全身动态达到平衡。

重心

运动时人体的重心会发生变化。骨骼倾斜和肢体协调运作才能确保人体正常站立和行走。不论肩与胯怎样倾斜（方向相同或方向相反），寻找重心的方式是不变的，即通过锁骨中点的垂线，就是重心所在的重心线。现实中，一些不符合重心规律的动态多为瞬间动态。

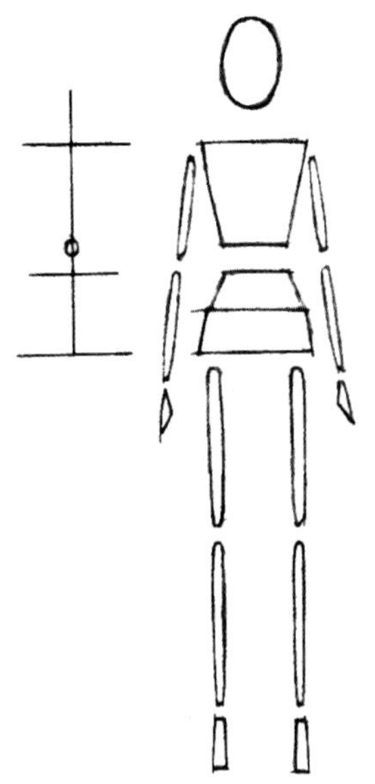

双腿承重的直立姿势
肩部与骨盆处于平行状态，两腿同时承担身体的重量。

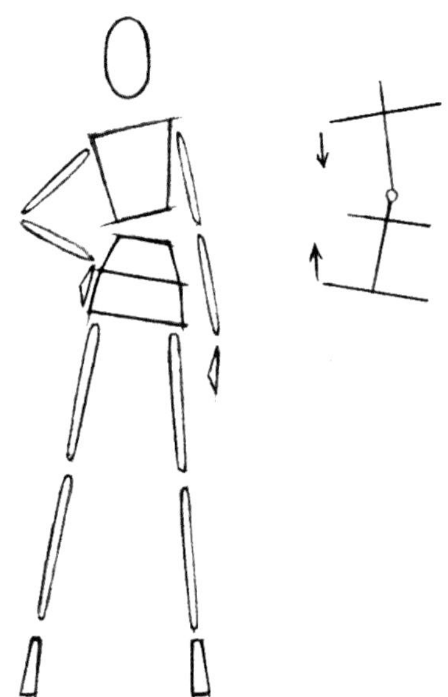

双腿承重的站立姿势
肩部与骨盆都产生了动态变化，倾斜的方向相反，但仍由两条腿共同支撑身体的重量。

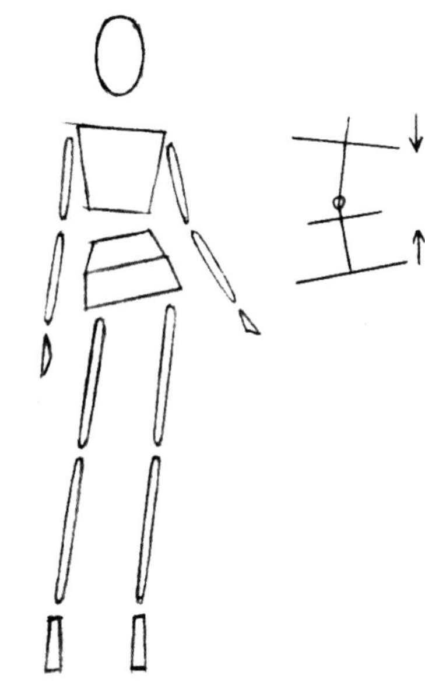

单腿承重的站立姿势
肩部和骨盆一高一低，左肩点向下倾斜、左侧骨盆则向上倾斜，左脚承担大部分重量。

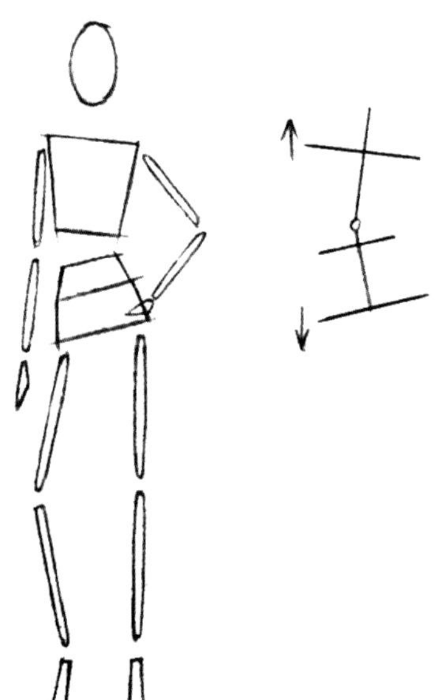

单腿承重的站立姿势
肩胯倾斜的方向不同，一腿承担主要重量。

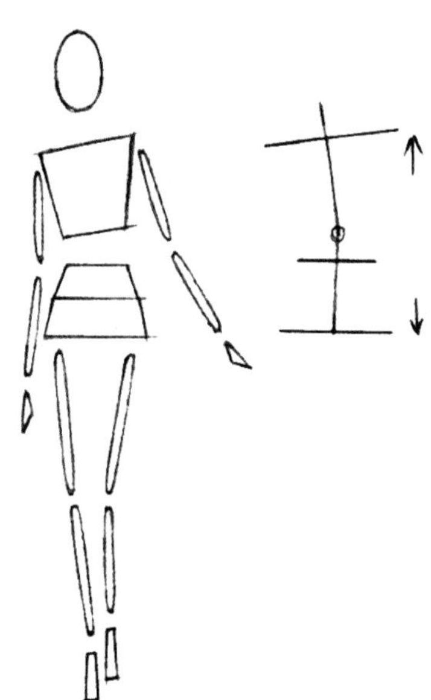

单腿承重的行走姿势
肩线倾斜，臀部基本保持水平，步幅较小。不同侧的手臂和腿部交替摆动。

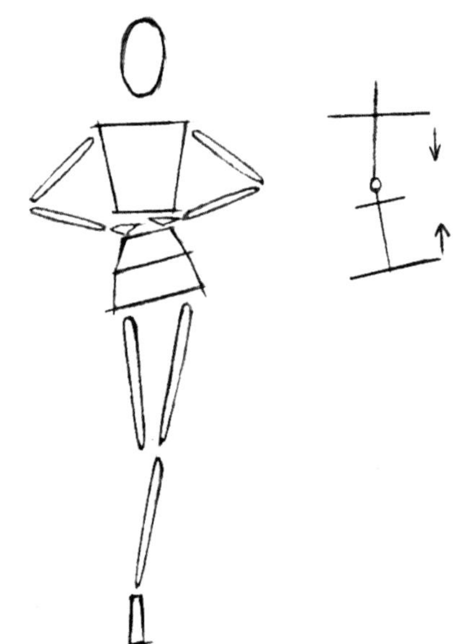

单腿承重的行走姿势
肩部和臀部向相反方向摆动，步幅较大。

双腿承重的直立姿势的画法

这是所有动态中最为简单的。肩线、腰线和臀围线保持水平，重心线就是人体的中心线，且中心线两侧的身体完全对称。如果觉得这种姿势过于呆板，可以在手臂上加入一些动态变化。

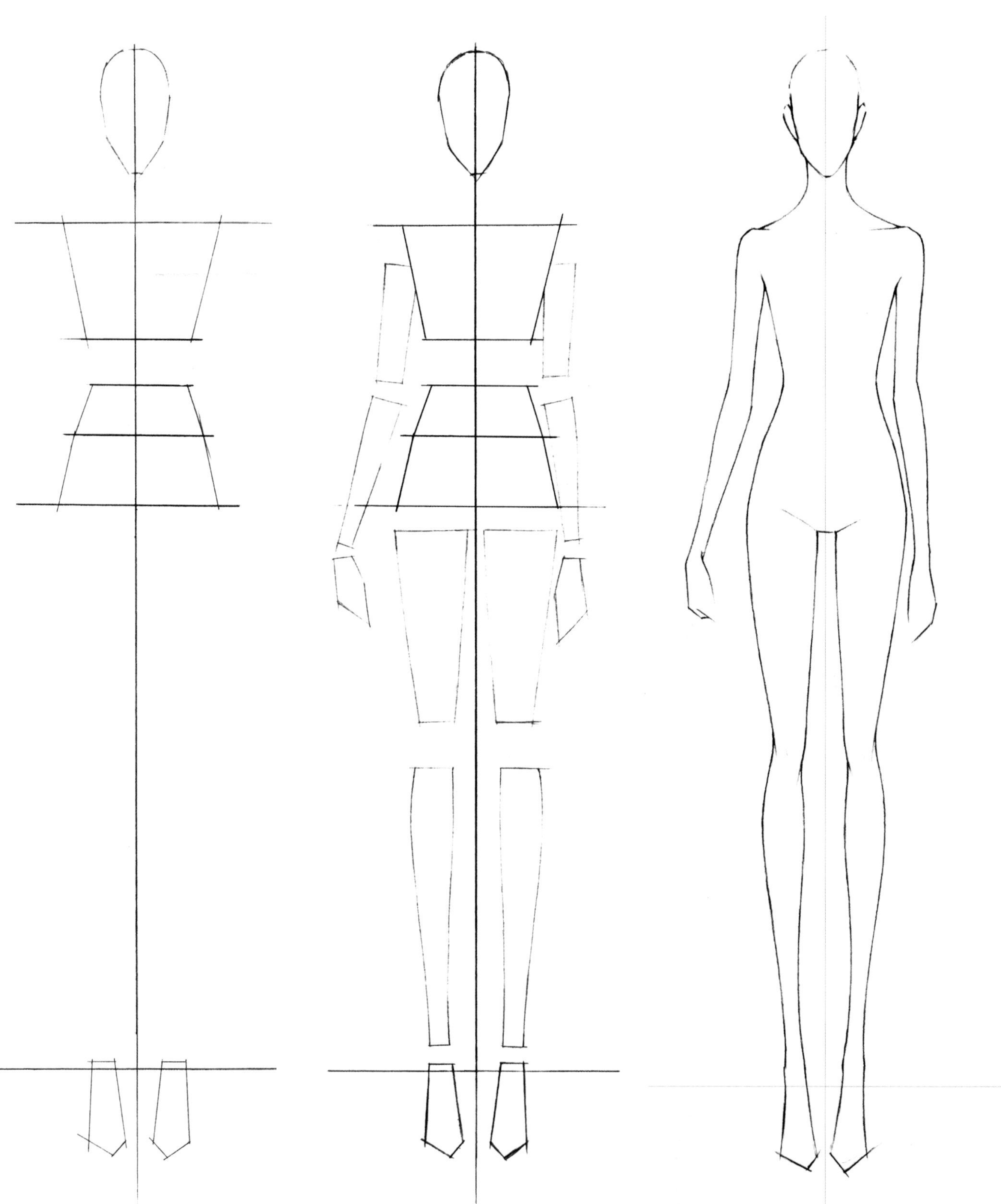

Step01　绘制人体的中心线，确定出肩线、腰线、臀线和脚踝的位置，然后用简单的几何体绘制出头部、胸廓、臀部和脚的大形。

Step02　确定出肘关节、腕关节、膝关节和踝关节的位置，并用几何形体概括出四肢。

Step03　用柔和的曲线绘制出人体的外轮廓。

单腿承重的站立姿势的画法

这类动态中身体重量主要由一条腿承载，另一腿起辅助支撑作用。其表现规律是：主要承担身体重量的腿会呈现出紧绷的状态，胯骨向承重腿方向抬起，另一条腿相应放松。重心落在承重腿或承重腿附近。肩部可以保持水平，也可以向和髋部相同或相反的方向倾斜。

Step01 绘制人体的重心线，重心线落在承重腿附近。确定肩线、腰线、臀线和脚踝的位置，同时注意肩线和臀线的方向。用简单的几何体绘制出头部、胸廓、臀部和脚的大形。

Step02 确定肘关节、腕关节、膝关节和踝关节的位置。在透视不大的情况下，膝关节的连线和踝关节的连线一般与臀围线平行。然后用几何形体概括出四肢。

Step03 用柔和的曲线绘制出人体的外轮廓，注意手臂和身体之间的遮挡关系。

单腿承重的行走姿势的画法

在行走时，往往有一条腿会离开地面，因此身体的重量仅由一条腿承担，行走姿势的重心是落在承重腿上的。行走会产生较大的透视，这是绘制的难点。行走时，手臂也会相应地摆动，使整个动态更加和谐。

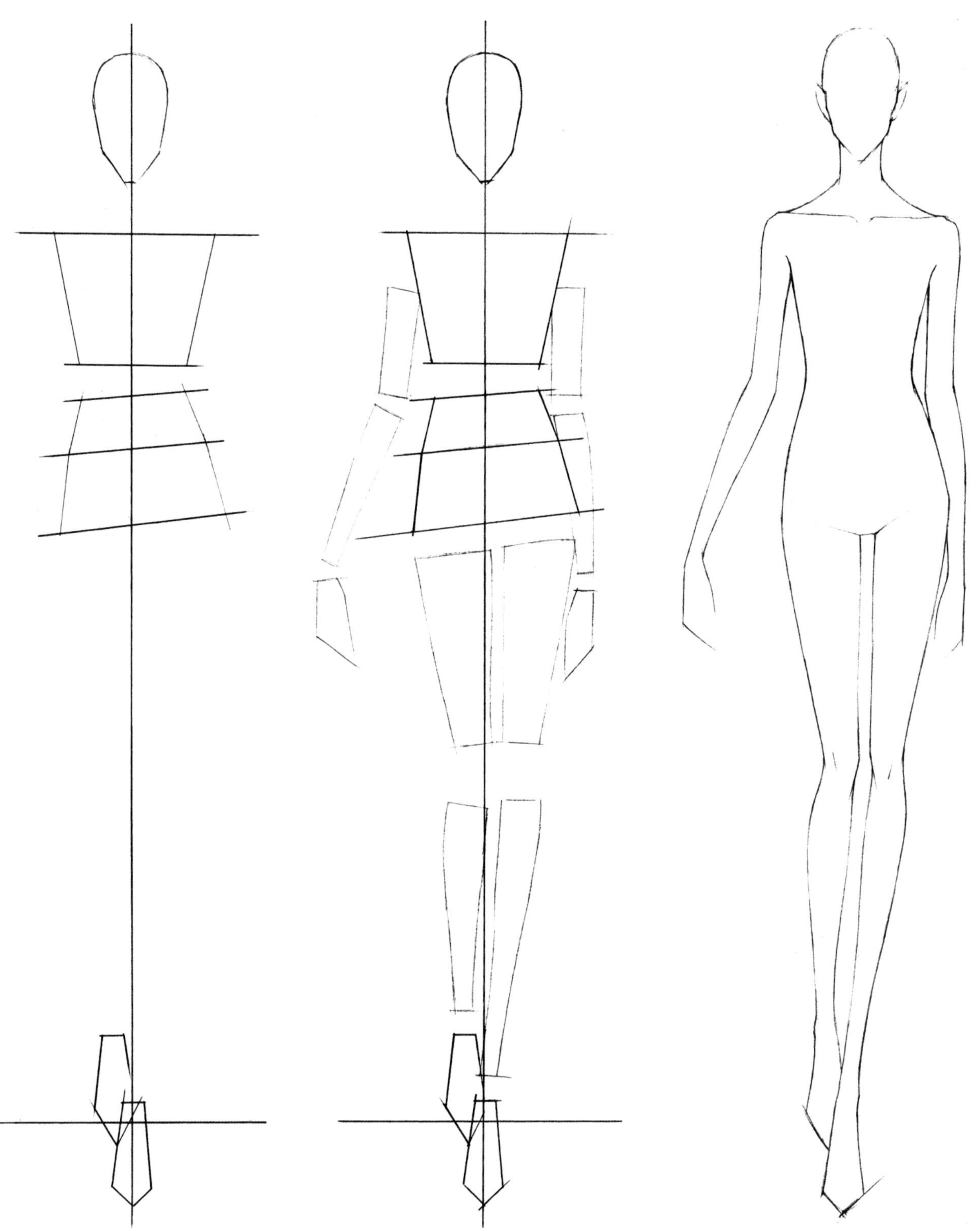

Step01　绘制人体的重心线并用简单的几何体绘制出头部、胸廓、臀部和脚的大形，重心线落在承重腿上。肩线和臀线的方向与上一个案例相同，但因行走产生的透视，双脚呈前后交叠状。

Step02　确定出肘关节、腕关节、膝关节和踝关节的位置并用几何形体概括出四肢的形状。因为透视的关系，后方抬起的小腿会明显变短。

Step03　用柔和的曲线绘制出人体的外轮廓，注意手臂、身体和双脚之间的前后关系。

运动规律

人体的运动是以关节为中心而展开的，或是倾斜，或是扭转。了解人体的基本运动规律有利于绘制人体造型，以及体会面料在人体运动时产生褶皱的原因。

在绘制时装画时，肢体动作的设定需要表现出画面中的设计点。不仅肢体动作可以带动服装，相反，不同类型的服装对人体运动也存在某种程度上的约束力。

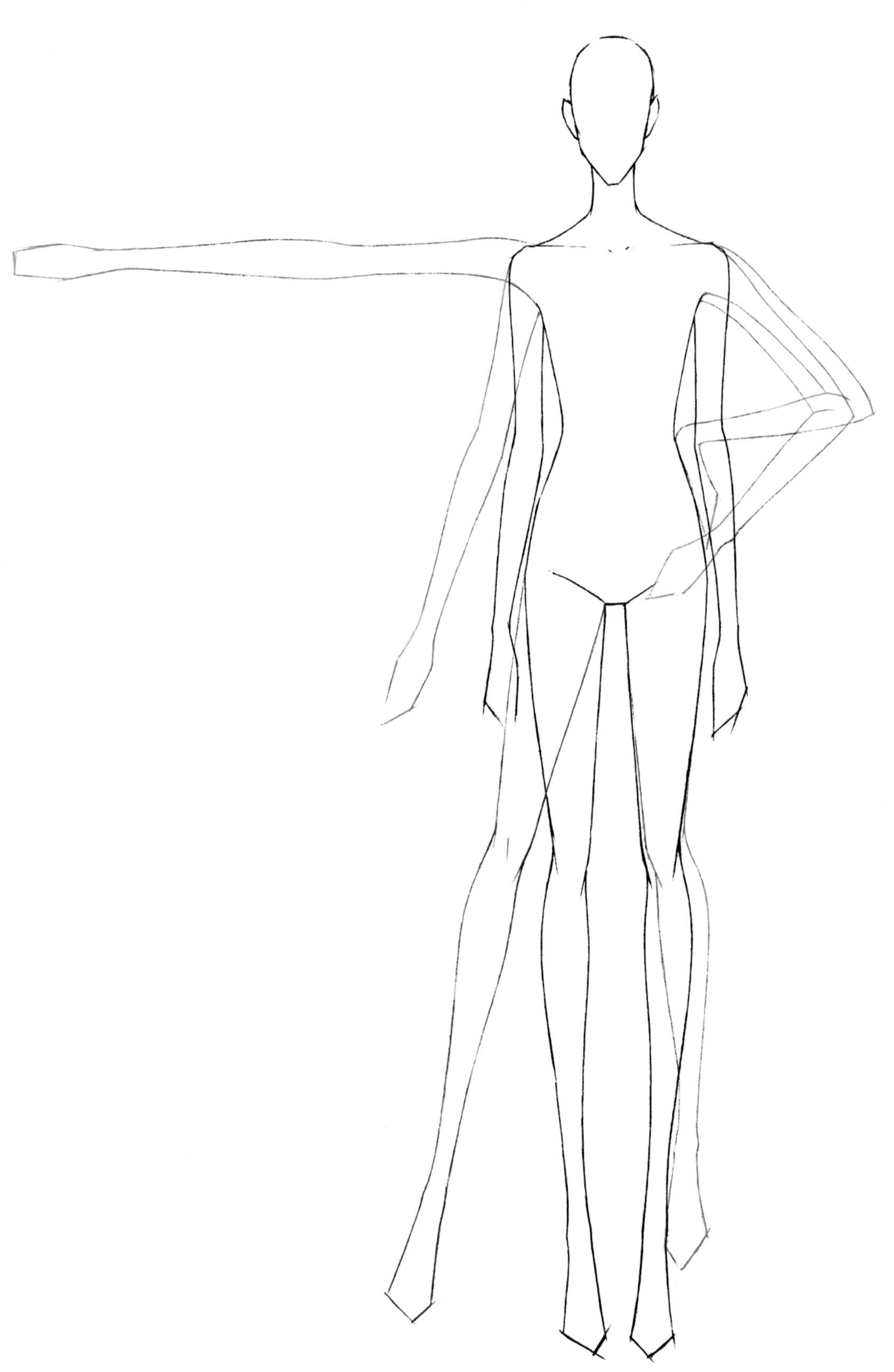

时装中的常用动态

下图所提供的动态，是时装画中的一些常见动态，基本上可以用于各种常规服装的展示。初学者可以多进行临摹，或是将其作为人体模板，然后进行一些局部的变化。

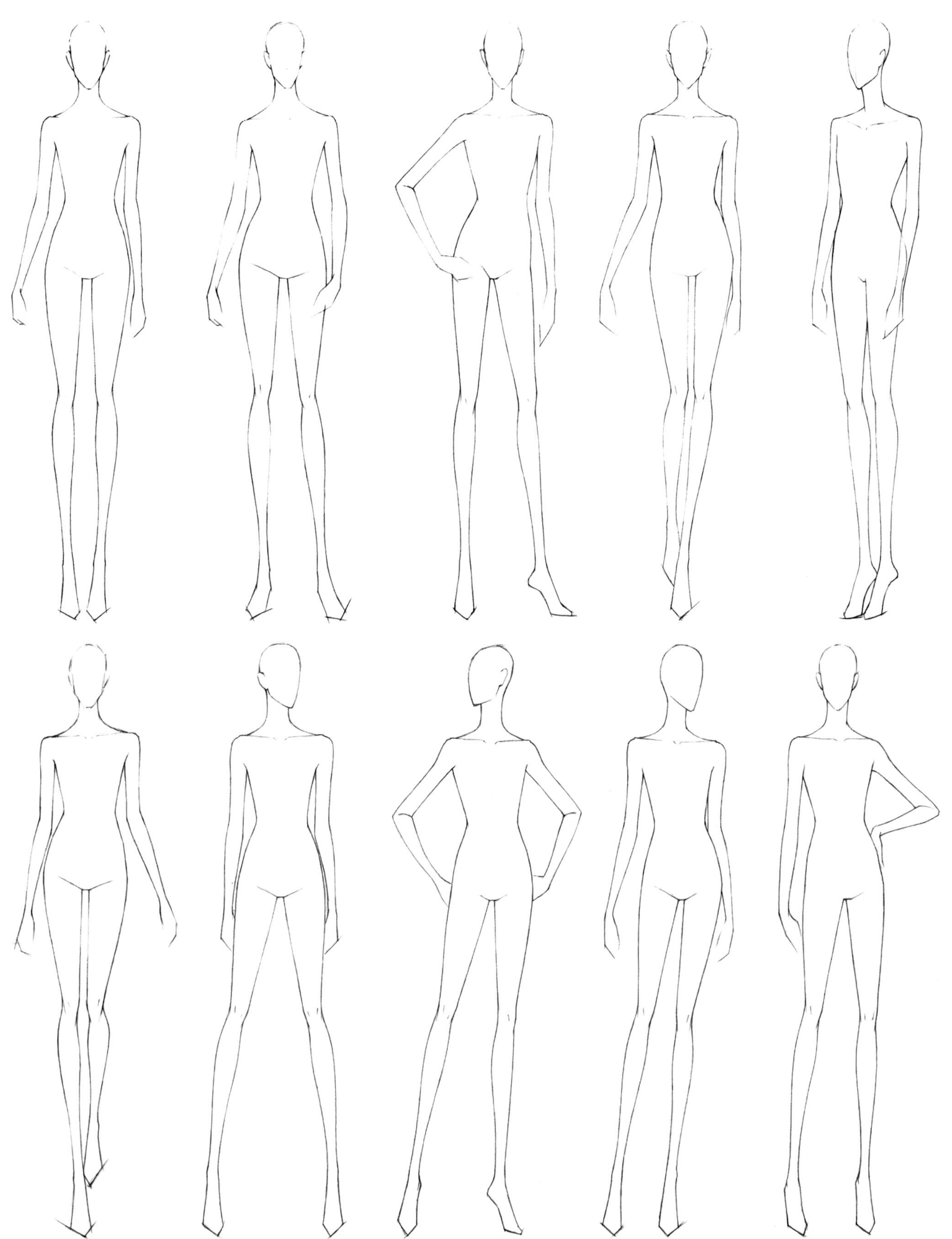

2.2 服装造型基础

服装是时装画中的另一表现重点。从廓形到款式，再到设计细节，服装上的每一处创新都是设计师最为津津乐道的话题。但首先需要掌握一定的绘制技法，将设计意图和理念通过图纸，清晰地传递出来。

2.2.1 服装与人体的关系

服装最终是要穿在人身上的（少数的创意时装除外），因此我们的设计活动是围绕着人体与服装的关系展开的，这一点在绘制最初的设计图时就应该体现出来。服装与人体的关系，从空间上来看就是服装的廓形与松量，从运动规律上来看就是褶皱的产生。

服装的廓形

服装廓形是服装的外缘线图形，也可以用剪影的方式来理解。根据面料与人体颈肩、腰部、胯部及腿部间的空间距离来设计服装廓形。在艺术语言表达中用图形和字母可形象化地传达出廓形的信息，而在设计联想中服装廓形也是较早出现的基本形态，接下来的细节设计可以在基本廓形中进行变化。

服装的廓形变化

服装的松量

松量是服装与人体之间的距离，基本可以分为两大类：非必需的松量和必需的松量。非必需的松量主要取决于服装的造型设计，而必需的松量则是因为人体运动，人体和服装之间所必需具有的空间。

必需的松量的大小受到几个因素的影响：面料、各部分的尺寸以及肢体支撑的方向。其中影响最大的是面料，由于面料本身的性质各异，有的不易受外力的改变具有较高的挺度，有的透薄轻盈在运动中可更好地表现质感，还有的具有高弹性紧贴人体等，我们可综合以上要素来绘制设计图。除了弹性面料，其余多数面料都需为人体运动预留一定的松量。

正因为面料与人体有一定的距离，所以人体可以在服装中活动。但是面料与人体间的距离并不是均匀分配的，受重力或是受到动作的影响，服装与人体间的距离会产生一定的变化。以掐腰的手臂为例：手臂外侧紧贴面料，内侧获得空间转移；倒梯形般的胸腔结构和凸出的胸部使胸下和腰部产生空间。

图中模特衣着面料设定为不具明显伸缩性的普通材料，模特穿着的服装均为合身的基本尺寸，从图例中可以看到服装松量与人体的关系。

人体的运动与褶皱

面料褶皱有出于设计目的通过压褶或立体塑造等工艺手段而产生的，也有随着人体的倾斜、转动和扭转而受力产生的。褶皱的数量和大小取决于运动的幅度、面料性质、面料造型以及人体和服装的空间关系。设计图中可通过描绘褶皱线条表现面料特征，褶皱也可体现出设计师的用料选择。

注意要将因运动受力产生的褶皱与面料设计所产生的褶皱或因重力作用产生的褶皱区分开来。

2.2.2 服装的局部造型

如果说廓形与款式设计是从宏观入手，那么局部造型就是从微观入手。局部造型能对廓形起到完善的作用，也能体现设计师的创作灵感。在商业设计中，对局部造型的设计更加重要。

领部的造型

除了简单的领高、领深、领形，更重要的是对颈部四周空间的控制。注意，不同的材料，可以通过粗细不同的线条来表现。

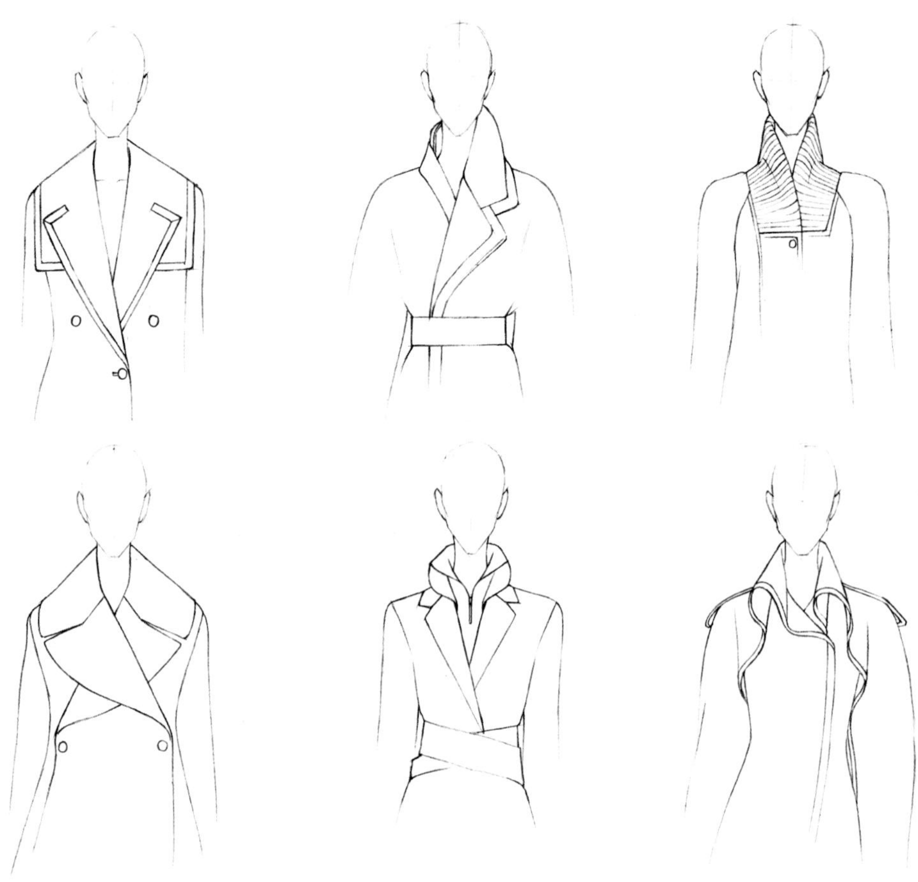

肩部的造型

肩部的造型是很多初学者容易忽略的部分，特殊的肩部造型会令人有种新奇的感觉。肩部的造型一般会偏离实际肩部的位置，多选择质地硬挺的材料，在表现时要用挺括的线条来描绘，使整体造型相对明朗。肩部造型的夸张程度是以衣料与肩部的距离来体现的。

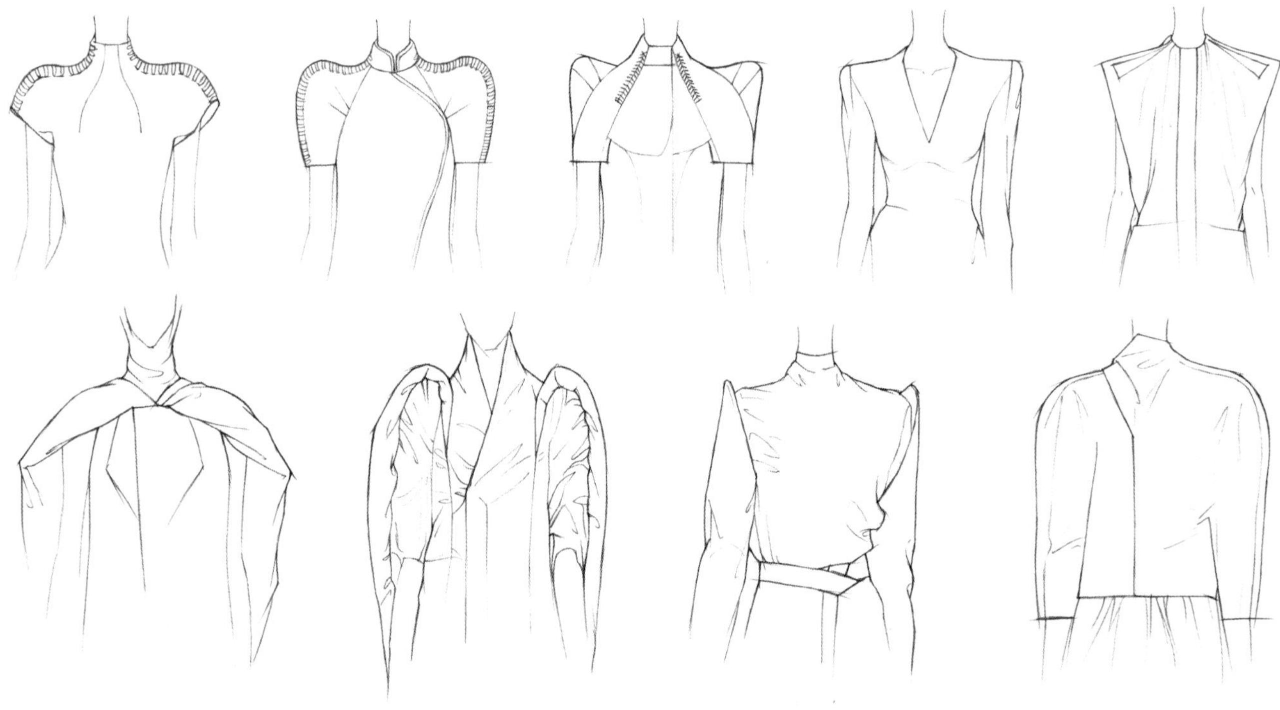

臀部的造型

臀部及腿部面积在人体中所占比例较大，造型设计的最终视觉效果呈现也是非常明显的。尤其是臀部，受到其他肢体的影响较少，可能会存在更多或更夸张的设计。如一些强调裙摆的设计，就可以考虑着重对臀部进行夸张设计。

2.2.3 服装的款式造型

服装的款式极其多变，不同款式的组合更是令人眼花缭乱。与其从不同的服装单品入手研究服装的款式，不如依旧从服装与人体的关系着手，再逐步扩展。

紧身服装的造型

这类服装贴合人体，顺着人体的起伏而变形。服装的胸围量在基本运动量的基础上，少于或等于实际尺寸。

细针织类

所有的针织类服装都具有一定的弹性，但是细针织一般都会采用含有一定弹性纤维比例的料（如氨纶），使服装能够紧贴人体，并随着体型和动作收缩、拉伸。

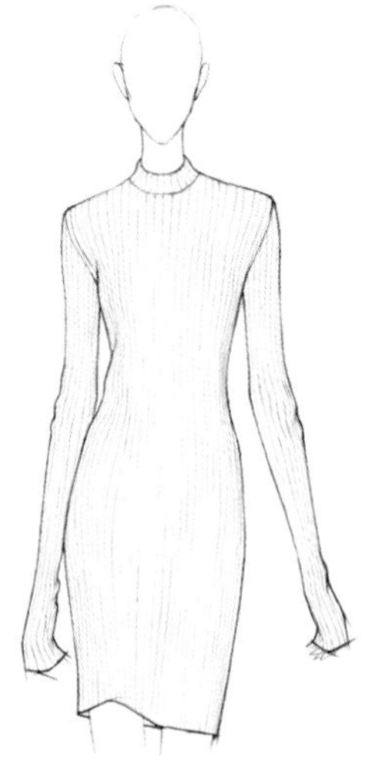

内衣类

内衣一般也采用有弹性的针织面料，内衣的尺寸一般较人体的实际尺寸略小，其造型符合人体骨骼形态和脂肪集中处的形态，能起到调整塑形的作用。

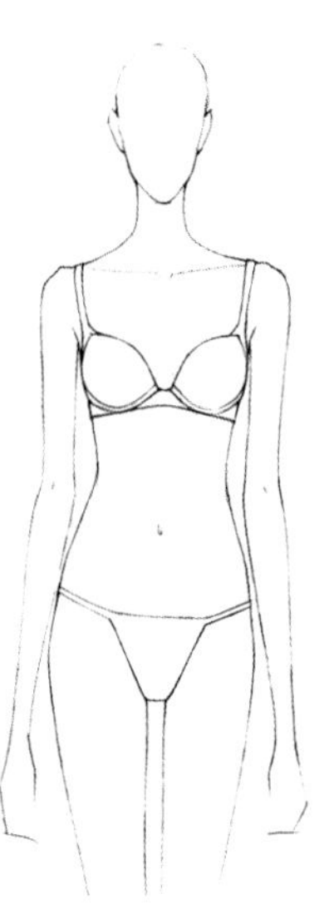

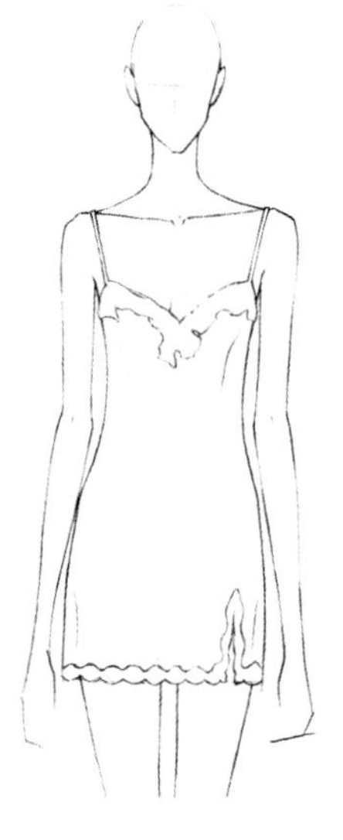

泳衣类

与内衣类性质相似，不过面料一般更为厚实且耐磨。

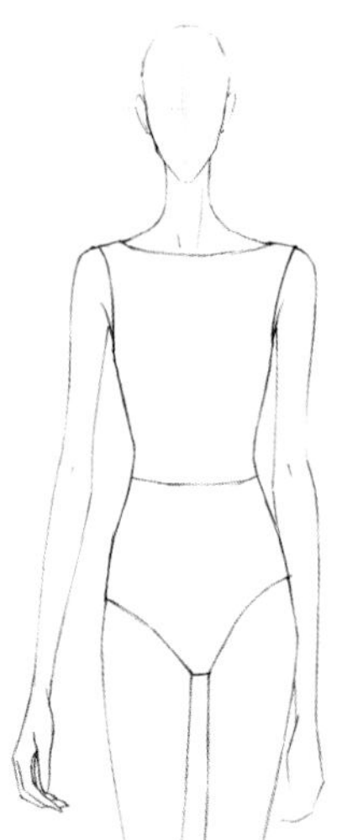

合体服装的造型

这类服装多为单衣类服装，在胸围上增加少量的松量，与人体间有少量空间，符合人体造型并达到舒适的程度。

针织类

这类服装一般采用纱线较粗的针织面料，柔软的质地使服装的线条显得非常柔和。在表现时要注意这类服装褶皱较少且较粗。

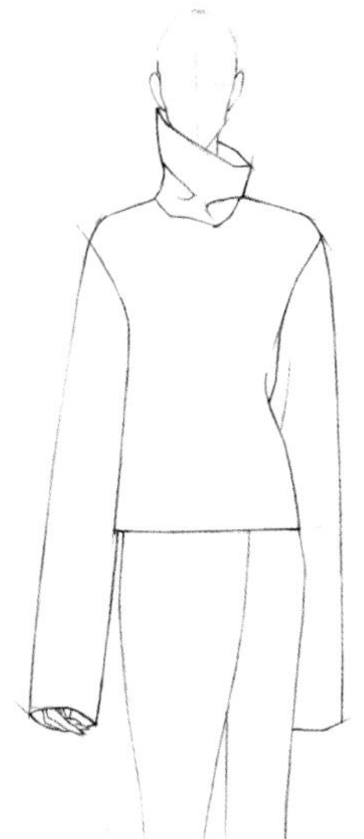

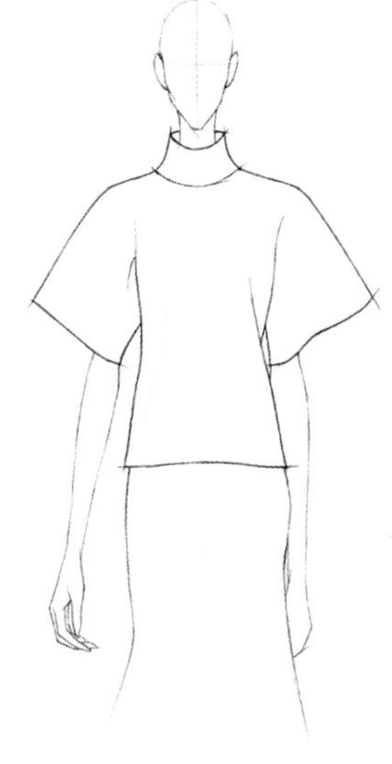

衬衣类及连衣裙类

衬衣类服装的面料质感一般较薄且有一定的挺括度，在结构的转折处会有一定的棱角。褶皱比较细小且琐碎，在表现时要注意取舍。

西装类

西装类服装的面料质感虽然柔软但不失挺括，而且褶皱较少。尤其是合体修身的套装类，因为版型与人体的贴合度极高，所以给人“西装笔挺”的印象。

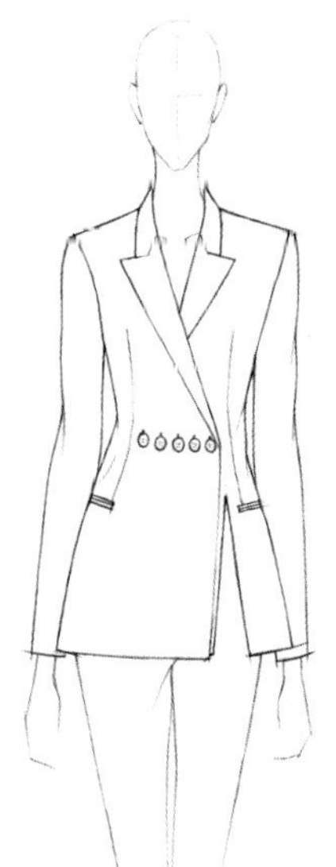

半合体服装的造型

这类服装多为外衣类，服装的一些局部与人体间的空间较大，比较容易形成具有“体块感”的造型。

夹克类

夹克类服装在腰部留有较大空间，即箱形的不收腰结构是这类服装的常见款式。夹克类服装多使用质地较厚的挺括面料，给人造型硬朗的感觉。服装的褶皱根据具体的面料而定，但一般褶皱较少，且较短。

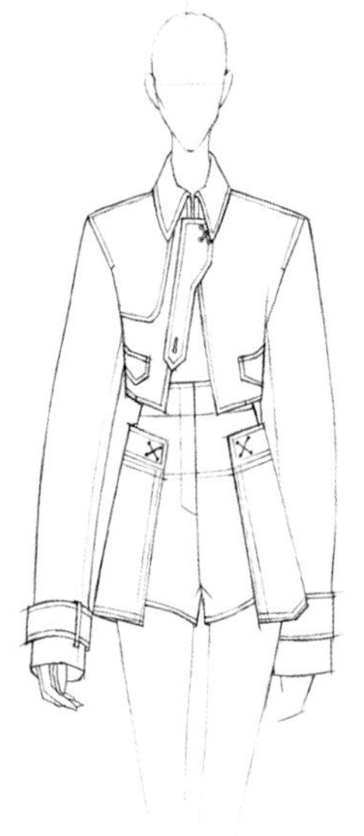
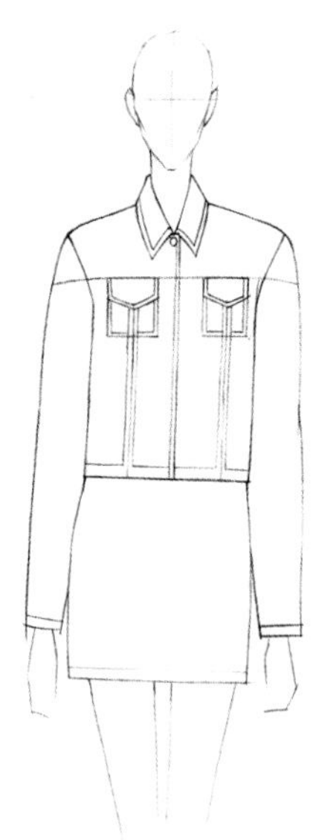
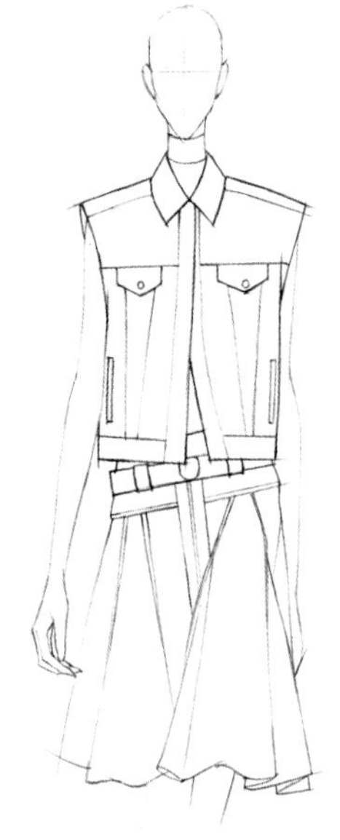

外套类

外套类服装在胸、腰、臀等部位留出更大的空间，因为不仅要容纳里层衣服，还要保证人体活动时的松量。其面料的质感较厚重，几乎无褶皱。

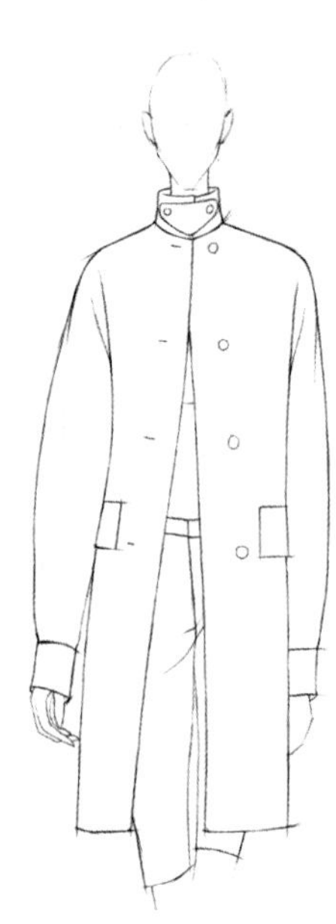

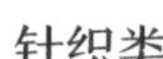

针织类

在当前，很多针织类服装也被用作外衣。半合体类型的针织服装往往面料组织松散，织线较粗，外观较为厚重。褶皱主要为受重力影响而堆积的衣纹，其线条较为柔和。

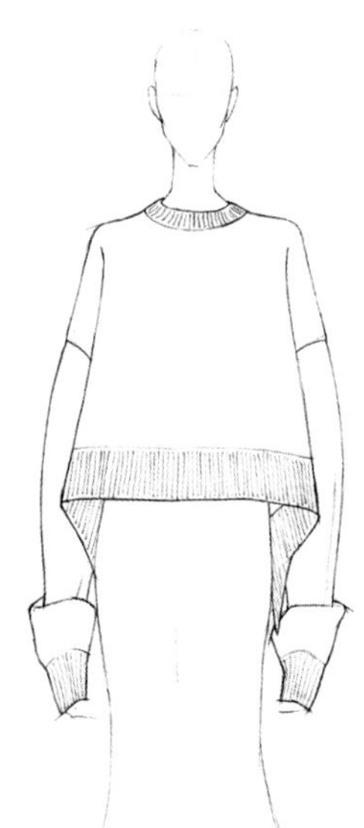

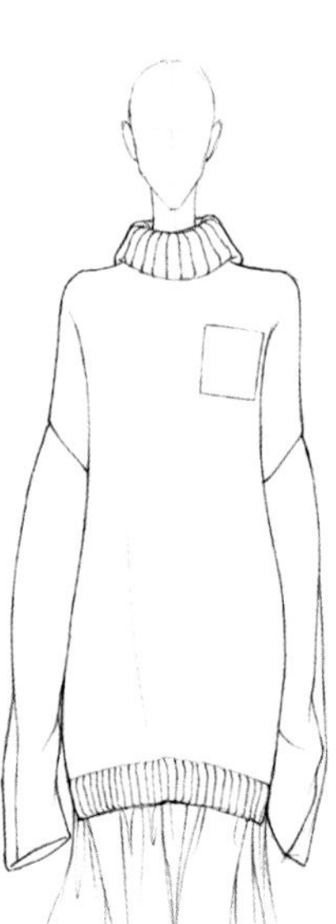

不合体服装的造型

这类服装与人体之间有较大的空间。这些空间有两种作用：一是要保证较大的活动量，如从事专业性的运动；二是为了进行造型，使服装脱离人体，形成特定的外观。

运动装类

这类服装除了使用有弹性的面料外，还要人为增加松量，尤其是肩、腰、手臂等部位。为了便于运动，下摆和袖口处往往会收紧。款式以套头衫、开衫类居多。褶皱的线条较为柔和。

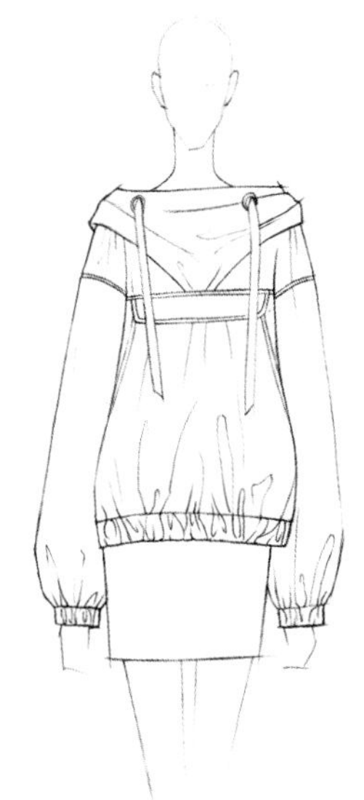

夹克类

不合身夹克的设计感较强，如夸张的袖型或极宽松的胸围放量。面料质感挺括，线条明朗，衣纹表现为少而纵长的褶皱。

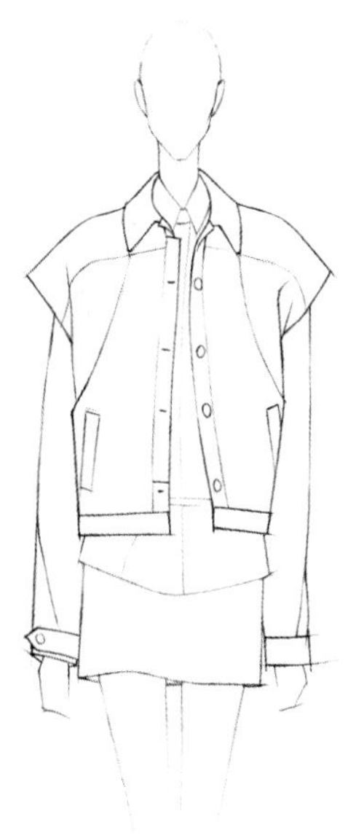
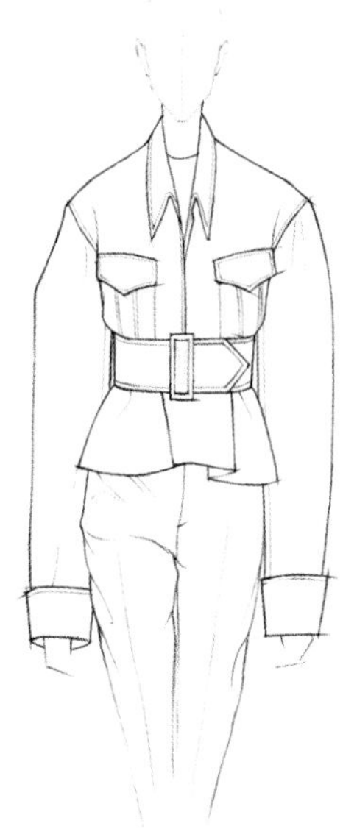

外套类

不合体外套多为秋冬季外套或有特殊造型的外套。服装远离人体，且立体造型感强，不易受动作影响而变形。

服装款式造型范例

2.3 时装画中服装的表现

在了解了服装结构和人体的关系后，就可以将重点放在服装的其他设计元素上。不论是图案、材质还是工艺细节，这些元素都附着在服装上，而服装附着于人体，归根结底，我们在表现这些元素时是不能脱离人体所产生的体积和透视的。此外，褶皱的起伏变化也会对图案、材质和工艺的呈现效果产生相应的影响，这一方面更突显了服装的质感，使服装更为生动；另一方面增加表现的难度，我们在绘制时需要考虑得更为全面。

2.3.1 服装图案的绘制

服装上的图案可谓是千变万化，根据分类标准不同，可以有多种分类方式，但是在表现方式上可以分为两类：一类是不考虑服装结构和褶皱，接近于平面装饰的表现方式，这种方法可以用于快速表现装饰性画风，以及一些细小的不易受褶皱起伏影响的碎花；另一类是在绘制时要表现出图案因为服装结构转折或褶皱起伏而产生的变形或错位，一般用于表现写实性风格，使画面更为生动。

对称图案的绘制

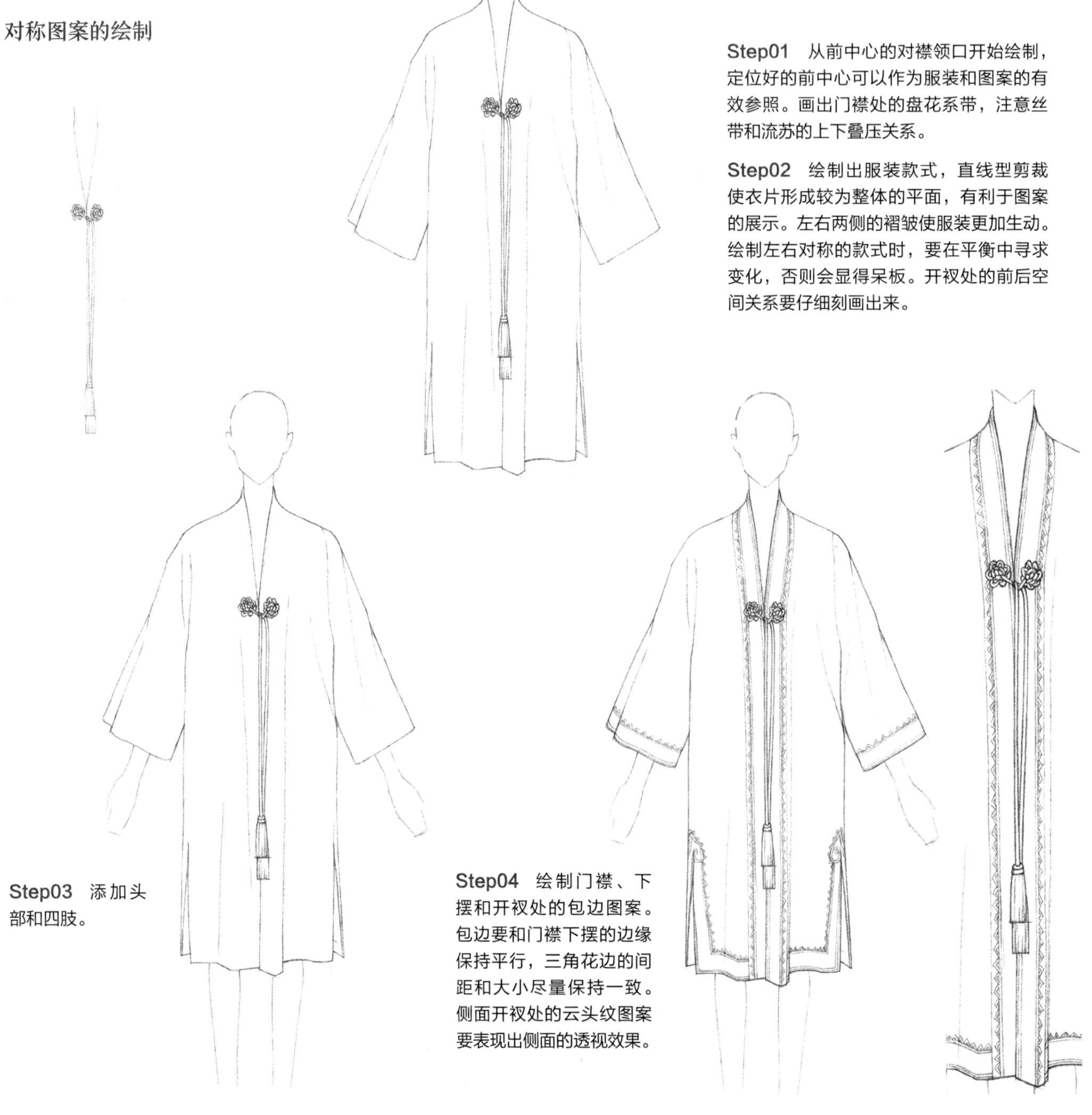

Step01 从前中心的对襟领口开始绘制，定位好的前中心可以作为服装和图案的有效参照。画出门襟处的盘花系带，注意丝带和流苏的上下叠压关系。

Step02 绘制出服装款式，直线型剪裁使衣片形成较为整体的平面，有利于图案的展示。左右两侧的褶皱使服装更加生动。绘制左右对称的款式时，要在平衡中寻求变化，否则会显得呆板。开衩处的前后空间关系要仔细刻画出来。

Step03 添加头部和四肢。

Step04 绘制门襟、下摆和开衩处的包边图案。包边要和门襟下摆的边缘保持平行，三角花边的间距和大小尽量保持一致。侧面开衩处的云头纹图案要表现出侧面的透视效果。

Step05　绘制包边上的刺绣图案。图案为二方连续，注意花纹的形状和间距尽量保持一致，下摆转角处的花纹要特殊处理。要小心地避开前门襟上被盘花和流苏遮挡的图案部分。

Step06　绘制肩袖部位的图案。肩部图案在腋下受到身体结构的影响会因挤压产生变形和错位，袖子上的图案则会受到褶皱起伏的影响。前门襟处的图案先绘制主要花形和花茎杆，要注意图案会被隆起的褶皱打断。

Step07　添加衣襟上的图案细节，褶皱的起伏使衣襟上的图案呈现出不对称的状态，增加了画面的变化性。

独立图案的绘制

Step01 起稿勾勒出服装的款式，大致标示出褶皱的位置。绘制背面时要注意颈、肩、背之间的关系。

Step02 用橡皮清除草稿，然后用流畅、清晰的线条绘制出干净的线稿。

Step03 添加包边等款式细节，注意包边受到褶皱起伏而产生的错位。绘制背部最主要的一枝竹子图案，图案位于背部较为中心的位置，通常位于所有图案的最前方，图案下方受到褶皱影响，被褶皱遮挡。

Step04 绘制第二枝竹子图案，注意和第一枝竹子间的位置呼应和穿插关系，这两枝竹子构成了整个图案的近景部分。同样，受到褶皱起伏的影响，图案会产生变形和错位。

Step05 绘制辅助图案。辅助图案基本位于主体图案的后方，在绘制时要注意图案的疏密分布以及图案和服装间的关系。辅助图案的用笔也要轻一些，图案的线条浅淡纤细一些，和主体图案形成前后的空间感。

Step06 绘制包边的二方连续图案，进一步增强装饰效果。图案和底摆保持平行，受到褶皱影响会产生相应的起伏、变形和错位。

2.3.2 经典款服装的绘制

20世纪以来，时尚界诞生了一大批融合了审美价值和实用功能的服装款式，这些款式不仅是设计师们精彩绝艳的作品，更是受到时代背景、社会环境和穿着者生活方式及日常经验影响的经典之作，这些款式被称为“经典款”。在今天的时尚舞台上，这些款式也随着流行趋势的演变，不断被重新演绎，成为整个时尚体系的基石。

直身连衣裙的绘制

直身连衣裙最显著的特点是腰身宽松的H形，这是20世纪20年代最具代表性的款式。当时第一次世界大战刚刚结束，越来越多的女性开始走出家门进入社会的各个部门工作，女性解放运动掀起了新高潮，新女性们冲破了传统道德规范的束缚，在着装上追求新的时代风尚。宽腰身的直筒连衣裙简洁干练，穿着舒适，不仅是当时的新潮装束，这种几何造型的样式在今天也极具现代感。

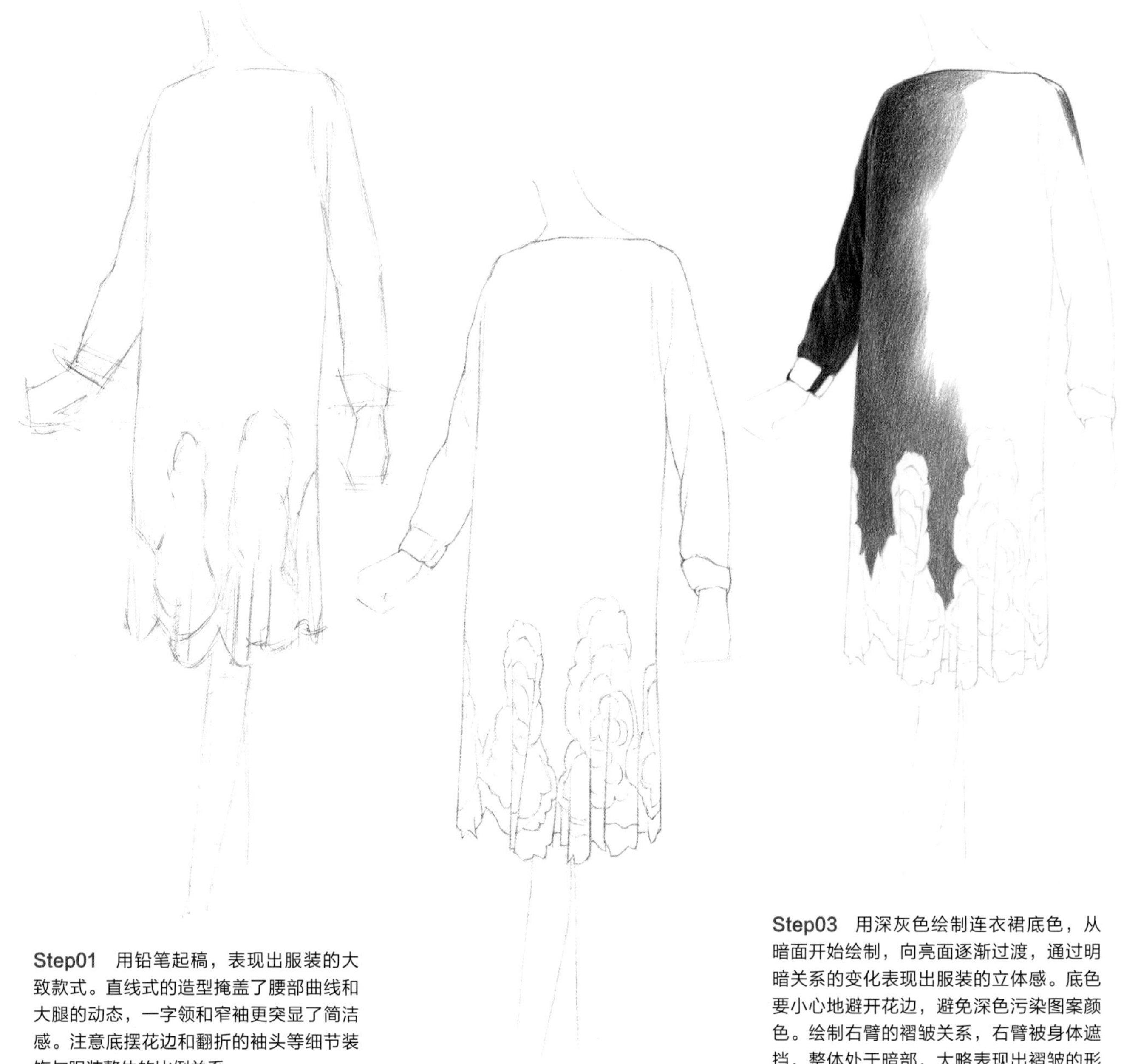

Step01 用铅笔起稿，表现出服装的大致款式。直线式的造型掩盖了腰部曲线和大腿的动态，一字领和窄袖更突显了简洁感。注意底摆花边和翻折的袖头等细节装饰与服装整体的比例关系。

Step02 整理线条，用清晰肯定的线条勾勒出服装款式、褶皱和花边的细节，花边受到底摆褶皱的影响会产生相应的变形和错位。

Step03 用深灰色绘制连衣裙底色，从暗面开始绘制，向亮面逐渐过渡，通过明暗关系的变化表现出服装的立体感。底色要小心地避开花边，避免深色污染图案颜色。绘制右臂的褶皱关系，右臂被身体遮挡，整体处于暗部，大略表现出褶皱的形态和起伏关系即可。

Step04　完成底色的绘制。直身连衣裙呈现出圆柱体般的体积感，褶皱的起伏犹如附着在人体之上。先用烟粉色铺出图案底色，再用黑色勾勒图案表面的线条。在底摆边缘绘制纵向的线条，表现出拼接花边的肌理。

Step05　完成图案细节的绘制。用和底摆同样的方法绘制出袖口的拼接部分。案例使用的是油性彩铅，可以画出柔和的效果，也可以画出清晰的图案，线条肯定但不尖锐，能够表现出较为厚重的材质感。

Step06　用浅灰色概略地绘制出模特，使着装效果更为完善。

两件套针织裙

最初，针织衫仅用于男士内衣，但在20世纪20年代，去除了所有烦琐装饰的简洁针织套装成为女性休闲时尚的流行样式。同样呈现直线造型的针织套裙使得女性可以更加自由舒适地运动，表现出一种年轻化的中性风格。可可·香奈儿（Coco Chanel）、罗伊·哈尔斯·弗罗威克（Roy Halston Frowick）、玛德琳·薇欧奈（Madeleine Vionnet）等知名设计师，都是针织服装的忠实支持者。时至今日，在快节奏的生活和工作中，柔软而舒适的针织服装仍然受到广泛的喜爱。

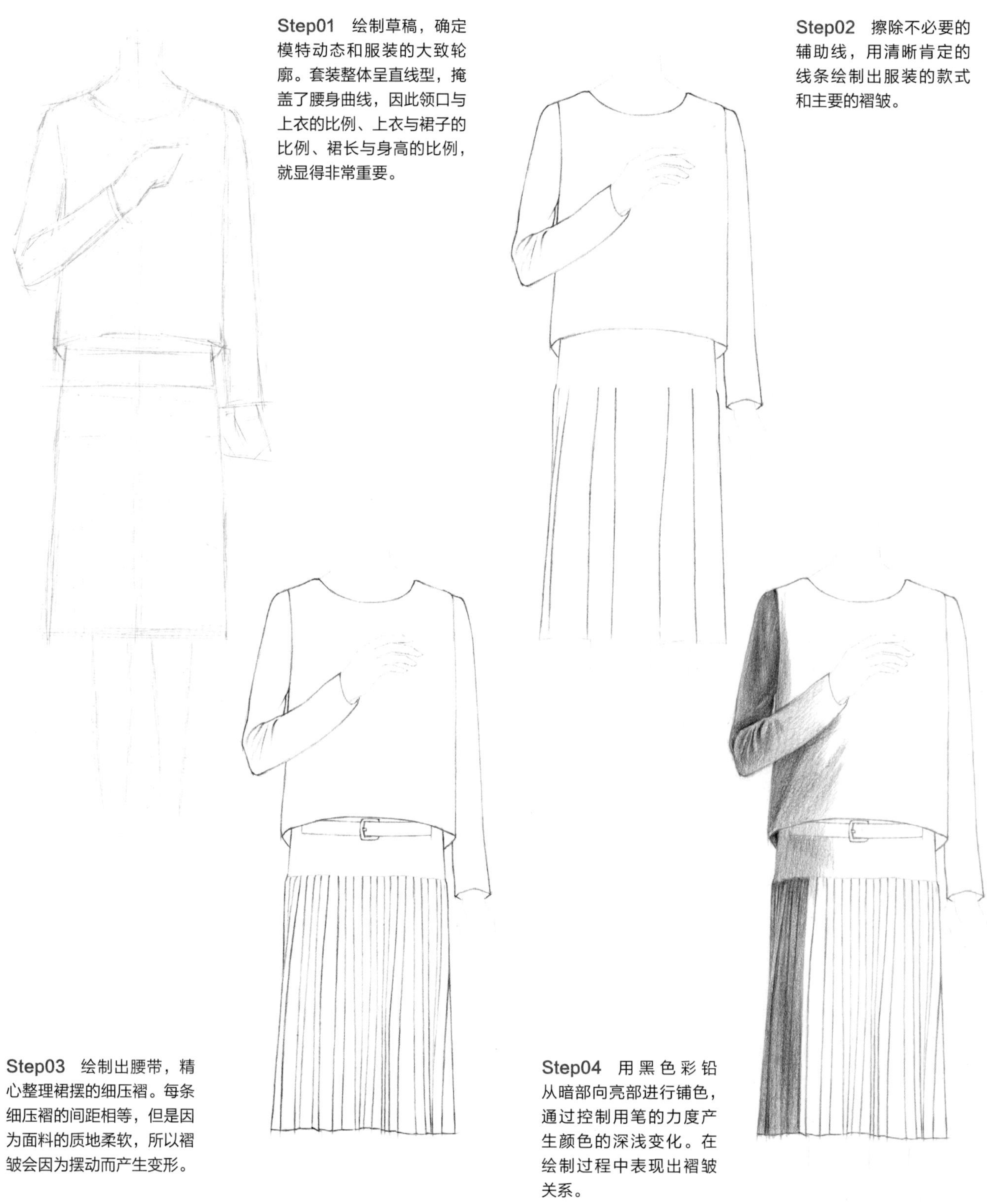

Step01 绘制草稿，确定模特动态和服装的大致轮廓。套装整体呈直线型，掩盖了腰身曲线，因此领口与上衣的比例、上衣与裙子的比例、裙长与身高的比例，就显得非常重要。

Step02 擦除不必要的辅助线，用清晰肯定的线条绘制出服装的款式和主要的褶皱。

Step03 绘制出腰带，精心整理裙摆的细压褶。每条细压褶的间距相等，但是因为面料的质地柔软，所以褶皱会因为摆动而产生变形。

Step04 用黑色彩铅从暗部向亮部进行铺色，通过控制用笔的力度产生颜色的深浅变化。在绘制过程中表现出褶皱关系。

Step05　在铺色时随时削尖彩铅，用细笔触铺色，来表现针织面料细腻柔和的质感。即便是黑色的服装，也有明确的光影关系，身体左侧的受光部分适当留白，胸部上方颜色较浅，表现出相应的体积感，切忌画得死黑一片。手臂在身体上的投影、上衣内侧的阴影和细压褶死角部分的阴影，都要加重颜色，增加画面的层次感。

Step06　刻画腰带等细节，调整画面局部与整体的关系，大略表现出模特的光影关系，完成画面绘制。

亮片小礼服裙

与年轻摩登、充满喧嚣的20年代不同，优雅而成熟的小礼服是20世纪30年代的时尚风向标。在这一时期，科学技术得到了长足发展，各种合成纤维的诞生，进一步推动了时尚的发展。同时，装饰艺术运动（ArtDeco）兴起，几何形和折线形的装饰图案以及鲜艳的色彩搭配，使这一时期的服装呈现出复古而又现代，低调而又奢华的精致风格。

Step01 起稿绘制出服装大形，服装面料具有一定的垂坠感，胸部和胯高点等人体凸起处即便在服装的掩盖下也要表现出来。裙摆处表现出褶皱的起伏。

Step02 仔细绘制出几何形图案的分区，注意图案和裙摆间的比例关系。

Step03 绘制裙子黄灰色的底色，裙身基本没有褶皱，面料有一定的光泽度，高光处大面积留白，来表现裙身圆柱体的体积感。

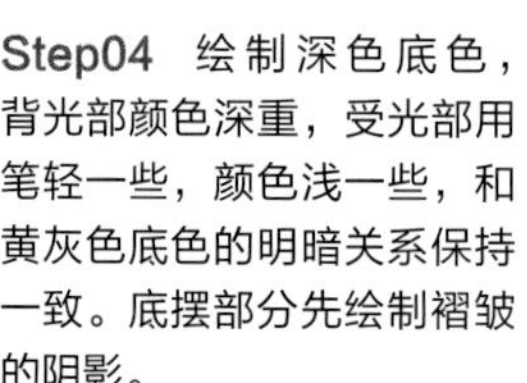

Step04 绘制深色底色，背光部颜色深重，受光部用笔轻一些，颜色浅一些，和黄灰色底色的明暗关系保持一致。底摆部分先绘制褶皱的阴影。

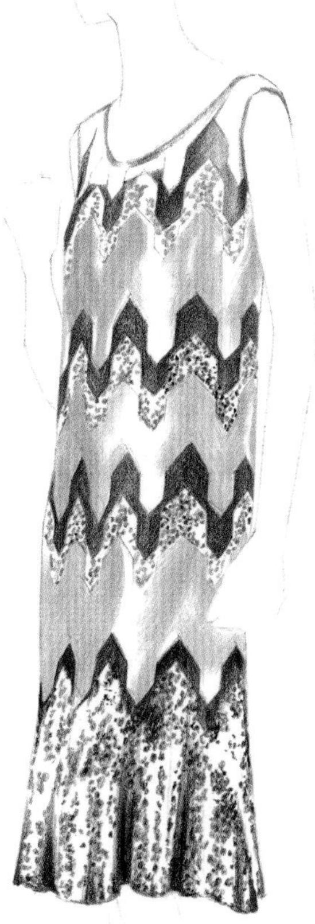

Step05 用点状的笔触绘制裙子上的亮片，可以从暗部开始绘制，通过强烈的明暗对比来展现亮片的光泽感。画亮片时要注意褶皱关系。

Step06 用饱和度较高的中黄色过渡裙身的亮面，丰富色彩变化。

Step07 继续用点状笔触绘制亮片，使亮面和暗面形成较为柔和的过渡。保证高光区域有较为明显的轮廓，来突显亮片的光泽感。

Step08 用线条勾勒出刺绣图案。跟随整体的光影关系来绘制线条，暗部的线条重一些，亮部的线条轻一些，高光处可以省略留白。

Step09 整理画面细节，表现出模特的明暗关系，完成绘制。

斜裁丝光晚礼裙

20世纪30年代所追求的奢华但有品位的成熟女性魅力，在优雅的斜裁礼服裙中得以集中体现。所谓斜裁，是指衣片的中心线与布料的经纱方向呈45° 夹角的裁剪法，斜裁能使面料更加贴合身体的曲线，如果是垂坠感较强的面料甚至不采用结构线或省道就能做出合体的结构。同时，斜裁还能够使面料产生的波浪顺着纱向分布得自然均匀，更能衬托出面料的光泽感。时尚界普遍认为，斜裁于20世纪30年代，由法国时装设计师玛德琳·维奥耐首创，20世纪80年代的设计师阿瑟丁·阿拉亚 (Azzedine Alaia)、约翰·加利亚诺（John Galliano），千禧年的设计师扎克·珀森（Zac Posen）等，都是使用斜裁的高手。在当今的时尚舞台上，追求高品位的设计师们对斜裁裙仍然爱不释手。

Step01 用铅笔轻轻起稿，绘制出服装的大概轮廓。领口线、袖窿线和腰节线都呈现出简洁的折线造型。

Step02 用肯定、流畅的长线条绘制出清晰干净的线稿，便于下一步着色。添加裙摆的分割线和侧缝线，表现裙摆的褶皱关系。裙摆虽有明显的褶皱起伏，但仍然要注意圆弧形的透视规律。

Step03 用浅灰色铺出裙子的底色。因为丝绸具有较强的光泽感，因此亮面、暗面和反光区域的边缘较为清晰。可以先铺出亮面的颜色，留出暗面和反光面。

Step04　选择较深的蓝灰色，叠加出暗面的颜色。从明暗交界线开始绘制，这样能够增强对比度，体现出面料的光泽感。

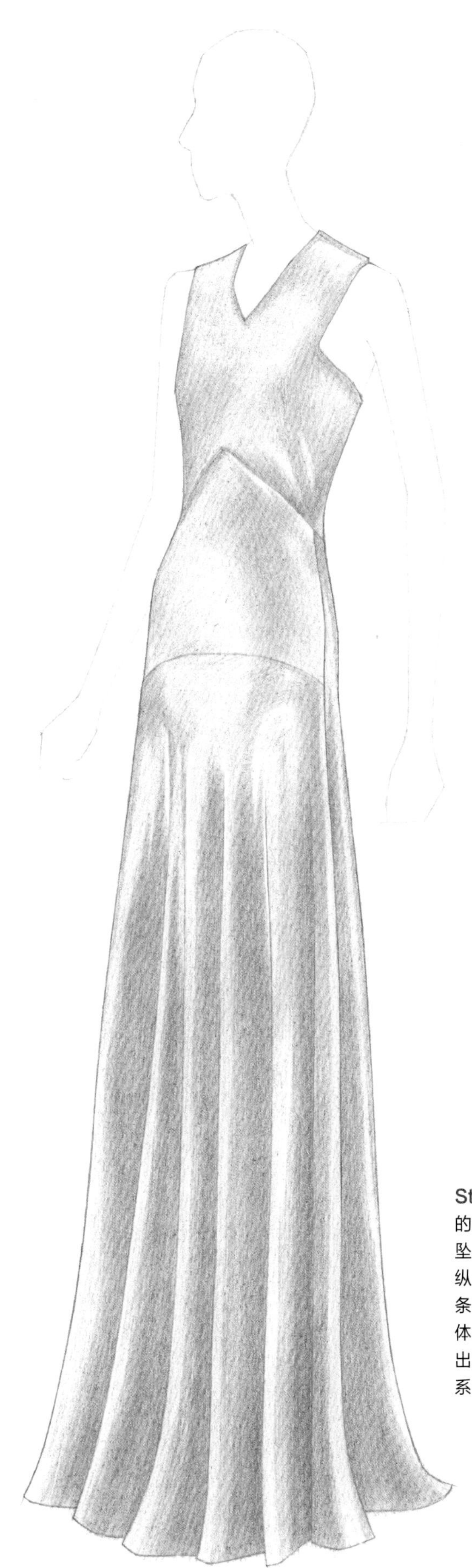

Step05　继续叠加暗面的颜色。丝绸面料具有垂坠感，会形成起伏明显的纵向长褶，将裙摆的每一条褶皱都看作一个圆柱体，强调明暗交界线，留出反光部分。协调整体关系，完成绘制。

“新风貌”套装

1947年，第二次世界大战的阴影还没有消散，饱受战争摧残的人们迫切期待着和平的到来。在这种情况下，克里斯汀·迪奥以敏锐的时尚触觉紧紧抓住了时代变革的契机，发布了崭新的服装样式，使其成为引领时尚的风向标。这种在后来被称为“新风貌”（New look）的套装样式，有着圆润的肩线、高挺的胸部、纤细的腰身和宽大的裙摆。人们在战争期间被压抑的对美的追求、对奢华的追求、对和平的向往，借助“新风貌”套装迸发出来。时至今日，这种优雅、凸显女性曲线美的服装造型，已经成为女装设计的基本造型之一。

Step01 用铅笔起稿绘制出草图，注意侧面肩部的结构以及前胸和后腰处的曲线造型，将服装的款式特点和结构线走向交代清楚，服装的透视关系要符合人体的透视。

Step02 用流畅肯定的线条勾勒出线稿，添加细节。擦除不必要的草稿线，将画面清理干净。

Step03 用彩铅铺出底色。刚开始铺色时可以用粗笔触快速排线，也可以用侧锋大面积铺色，注意要留出高光部分。

Step04 绘制上衣的暗部和阴影部分。袖子用蓝灰色强调明暗交界线，表现出圆柱体般的体积感，用同样的颜色在背部加深肩胛骨高点下方的暗部，手臂在身体上形成的投影区域和领子翻折所形成的投影区域要和亮部区分开来，使用暖灰色体现出色彩和明暗的对比。

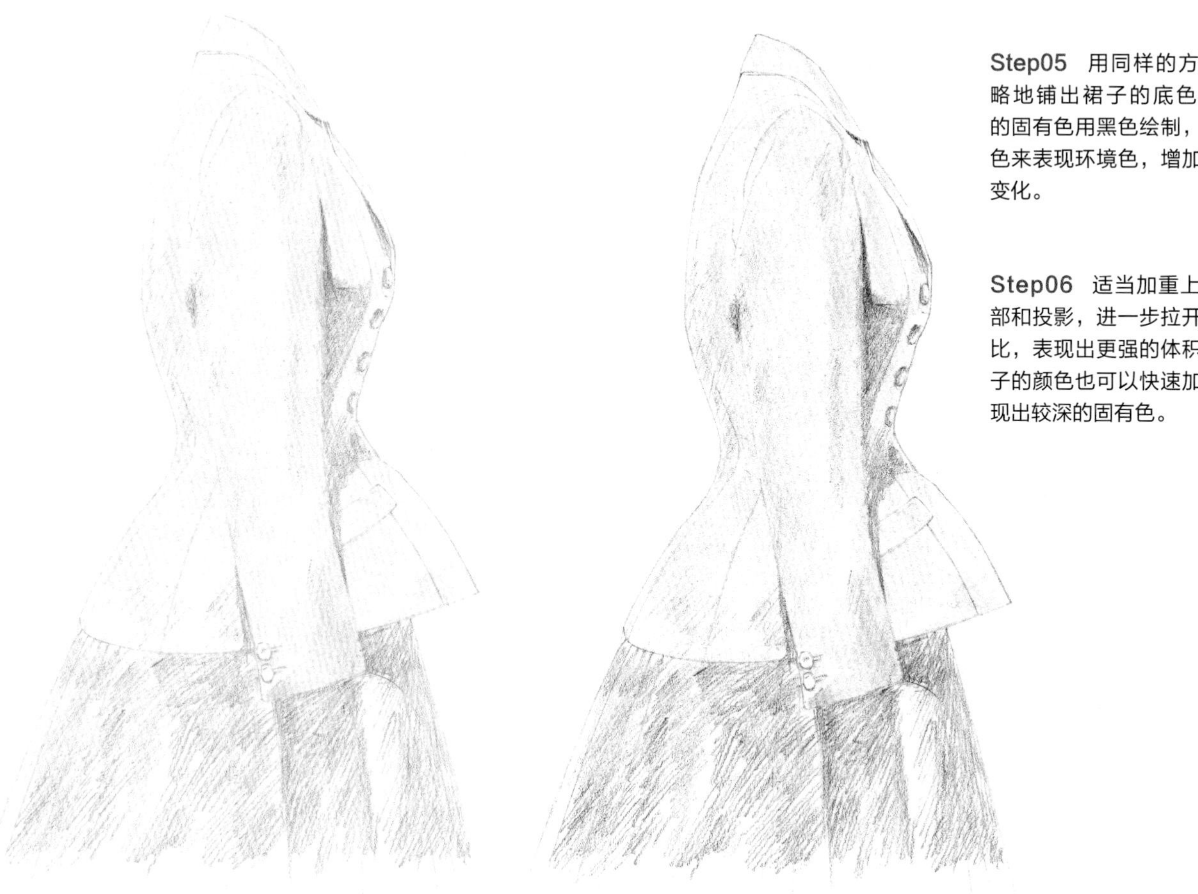

Step05　用同样的方法先概略地铺出裙子的底色。裙子的固有色用黑色绘制，用蓝灰色来表现环境色，增加色彩的变化。

Step06　适当加重上衣的暗部和投影，进一步拉开明暗对比，表现出更强的体积感。裙子的颜色也可以快速加深，表现出较深的固有色。

Step07　将彩铅削尖，用纤细的线条过渡亮面和暗面，画出柔和的中间色调，使体积感更加饱满。将腋下和腰部的轻微褶皱表现出来。强调上衣尤其是袖子在裙摆上的投影。

Step08　再次叠色加深裙摆，加深的过程中要保持受光面与背光面的明暗对比，使裙摆呈现出圆台体般的体积感。进一步整理上衣褶皱的细节，使褶皱的起伏更加明显，同时要强调出结构线的走向。轻轻地叠加环境色，绘制出更为微妙的层次变化。

Step09　细化纽扣、扣眼等细节，勾勒出裙摆的褶线。裙摆中间过渡面的褶线立体感最强，要适当强调；裙摆两侧位于亮面和暗面的褶线可以适当省略。用虚实关系来突显服装的立体感。调整整体与局部的关系，完成绘制。

暗纹缎面连衣裙

20世纪40~50年代，被称为“形的时代”，战争的结束使高级时装业迎来了自20年代以来的第二次高峰期。除了迪奥以外，巴伦夏加（Balenciaga）、皮尔·巴尔曼（Pierre Balmain）、纪梵希（Givenchy）、皮尔·卡丹（Pierre Cardin）等一大批设计师活跃于世界舞台。但是，迪奥仍然是其中的佼佼者，他开创性地发布了一系列的女装造型，极大地丰富了女装的样式，因此这一时期又被称为“迪奥时代”。下面的案例，展现的是迪奥经典的“圆屋顶”造型，采用连肩袖结构形成的圆润肩袖是其特色。

Step01 用长直线起稿，绘制出服装轮廓，因为是侧转的角度，身体的曲线起伏明显，要注意手臂和身体间的遮挡关系。同样因为侧转，前中线会产生相应的透视变化，根据变化后的前中线来定位服装的款式结构。

Step02 用铅笔粗略排线，标识出面料表面暗纹的分布与走向。这里的标识只起到大概定位的作用。

Step03 将草图擦浅后，重新提炼线稿，用清晰肯定的线条将服装的款式特点、结构线和主要褶皱勾勒清晰。

Step04 绘制服装的底色。面料有较强的光泽感，受环境的影响很大，因此可以选择多种颜色同时绘制，但是要注意颜色之间的过渡。绘制时笔触要细腻，通过控制用笔的力度来控制笔触的深浅变化，高光处留白，表现出服装的立体感。

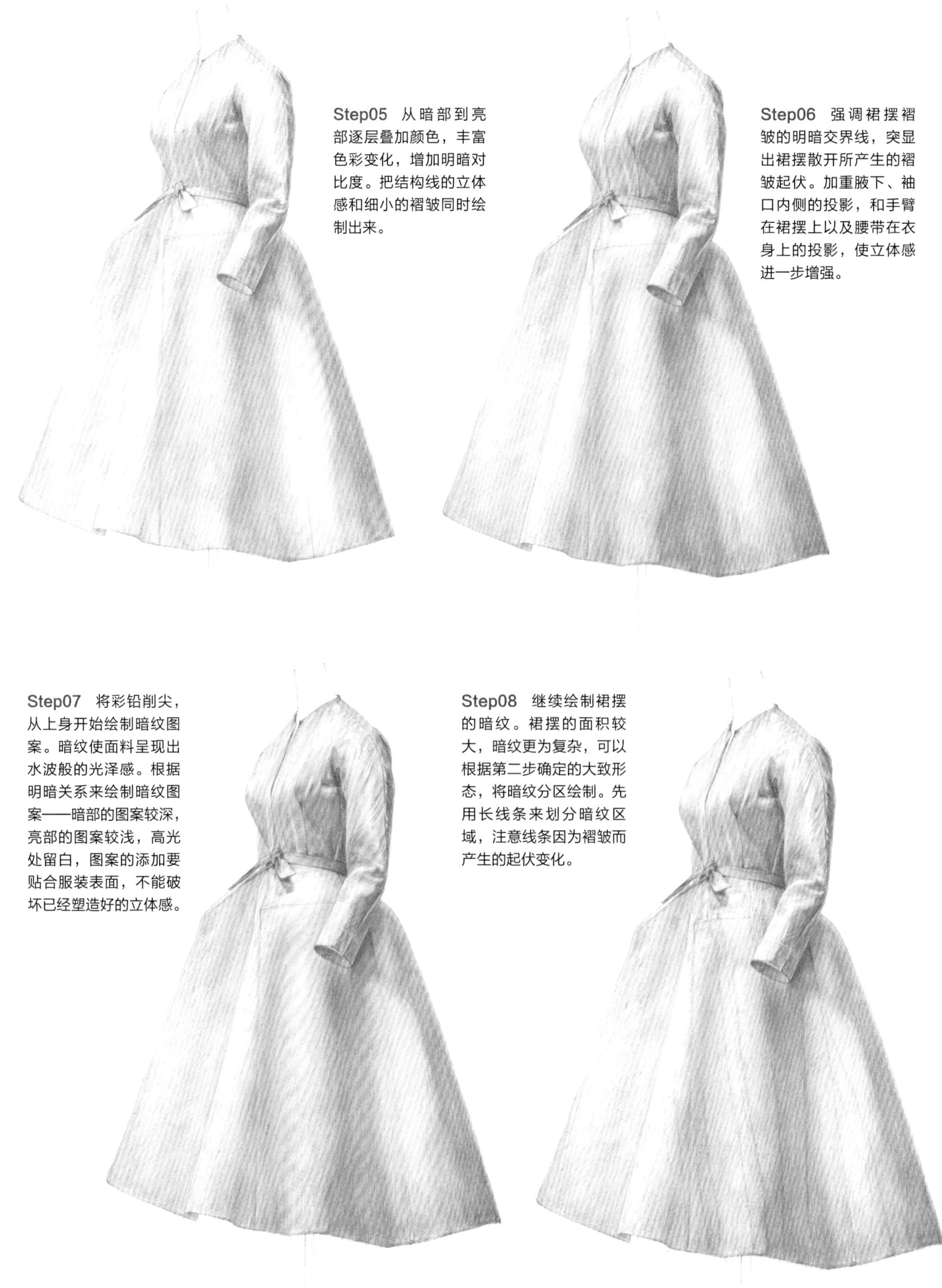

Step05 从暗部到亮部逐层叠加颜色，丰富色彩变化，增加明暗对比度。把结构线的立体感和细小的褶皱同时绘制出来。

Step06 强调裙摆褶皱的明暗交界线，突显出裙摆散开所产生的褶皱起伏。加重腋下、袖口内侧的投影，和手臂在裙摆上以及腰带在衣身上的投影，使立体感进一步增强。

Step07 将彩铅削尖，从上身开始绘制暗纹图案。暗纹使面料呈现出水波般的光泽感。根据明暗关系来绘制暗纹图案——暗部的图案较深，亮部的图案较浅，高光处留白，图案的添加要贴合服装表面，不能破坏已经塑造好的立体感。

Step08 继续绘制裙摆的暗纹。裙摆的面积较大，暗纹更为复杂，可以根据第二步确定的大致形态，将暗纹分区绘制。先用长线条来划分暗纹区域，注意线条因为褶皱而产生的起伏变化。

Step09　刻画暗纹的细节。暗纹的变化虽多，但在方向和分布上有一定的规律性，在绘制时可以适当取舍，不要画得太过琐碎。同时，一定要保持服装整体的立体感，也不能破坏褶皱的起伏效果，要使暗纹能够自然地融合于服装表面。

细褶淑女连衣裙

在女装演变的过程中，传统的连衣裙样式被称为“一片式”(one-piece)，字面意思就是从领口到底摆使用一片布，与之相对应的是借鉴男装结构而来的“二部式”连衣裙，最典型的特征是破开腰线。尽管只是破开了腰线，但这在女装设计史上却有着划时代的意义，这意味着女装的上下半身可以分开设计，然后在腰线处对合，极大地丰富了女装的样式。案例所表现的款式是上身为紧身合体的西服式样，下身为外扩的大摆褶裙，形成了上紧下松的强烈视觉对比。

Step01 用铅笔绘制线稿，线条要清晰流畅。裙摆的褶皱可以适当夸张，突显服装款式的特征。

Step02 从亮部开始浅浅地铺色，通过笔触的排列方向和用笔力度轻重的变化，表现出服装表面轻微的褶皱起伏。

Step03 绘制裙摆的褶皱，顺着褶皱的方向用笔，将每条褶皱看作是独立的圆柱体，区分出亮面和暗面。

Step04 叠加裙子的暗部，上身受到省道结构的影响，亮面和暗面之间有较为明显的转折。领子、纽扣和腰带等都要塑造出体积感。完成裙摆的铺色，适当留出高光，强调明暗交界线和投影。

Step05 通过叠色绘制出裙摆的中间色，使亮部和暗部之间形成柔和的过渡。但因为面料具有光泽感，亮面、明暗交界线和反光的区域仍然较为明显。

Step06 用较深的颜色加重裙子的暗面和阴影区域，形成更强烈的明暗对比，使体积感更加明显。在亮部叠加环境色，丰富色彩的层次。进一步刻画出亮部的细小褶皱，使褶皱的形状更为具体。

Step07 因为面料质地柔软，裙摆的长褶上还会产生细微的碎褶，将碎褶刻画出来，能更加生动逼真地表现出面料质感。一些细小的褶皱可以用细线勾勒而成。给模特浅浅地铺上颜色，表现出一定的体积感。

Step08 用细腻的笔触进一步对明暗面进行过渡，形成更微妙的层次。在受光面再次叠加环境色，让环境色和裙子的固有色进一步融合，呈现出更为细腻的光泽感。

粗花呢夹克

到了20世纪60年代，展现成熟优雅女性魅力的服装开始让位于简洁舒适的服装，装饰性在越来越快的生活节奏下逐渐消退，这一时期的服装更加强调合理性和功能性，能够展现年轻人形象的宽松腰身样式又一次来到了时尚舞台的中央，女装朝着单纯化、轻便化、朴素化的方向发展。香奈儿的粗花呢系列服装，在融合了20年代风格的基础上，汲取了新时代的养分，呈现出轻快活泼的崭新姿态。

Step01 绘制服装轮廓，粗花呢有一定厚度，使得服装廓形显得较为膨胀，起稿时要留有足够的松量。

Step02 用流畅肯定的线条描绘出线稿，将服装的款式特征和结构工艺细节标识清楚，并表现出粗花呢的厚度。

Step03 从左向右排线，铺出服装底色。

Step04 完成服装底色的铺设。加重身体两侧、腋下、后领口暗面的颜色，适当强调领面、口袋和底摆处的阴影，表现出服装的体积感。

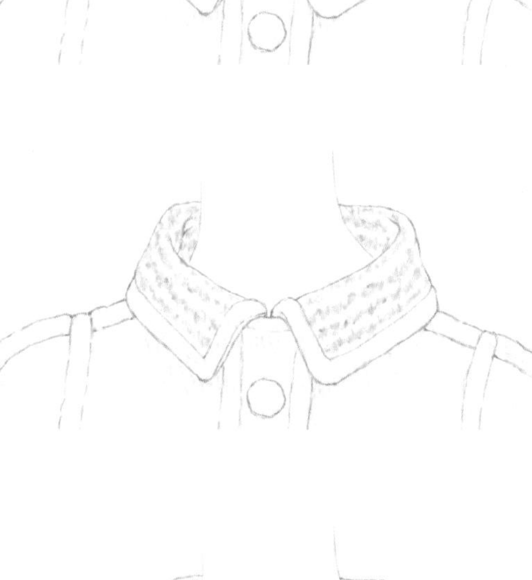

Step05 用多种颜色绘制粗花呢，用点状笔触或排列的小短线来表现粗花呢的颗粒感。先用浅黄灰色的笔触规律地排列出粗花呢的纹理，纹理间留出间隙。再用饱和度较高的中间色沿着浅色纹理交叠穿插绘制，表现出杂色效果。

Step06 完成领子的纹理绘制，主要纹理的排列呈现出圆柱体般的透视感，和领子的结构保持一致。

Step07 绘制领子的边饰，用黄灰色、中黄色和棕褐色的点状笔触交错表现出颗粒感。

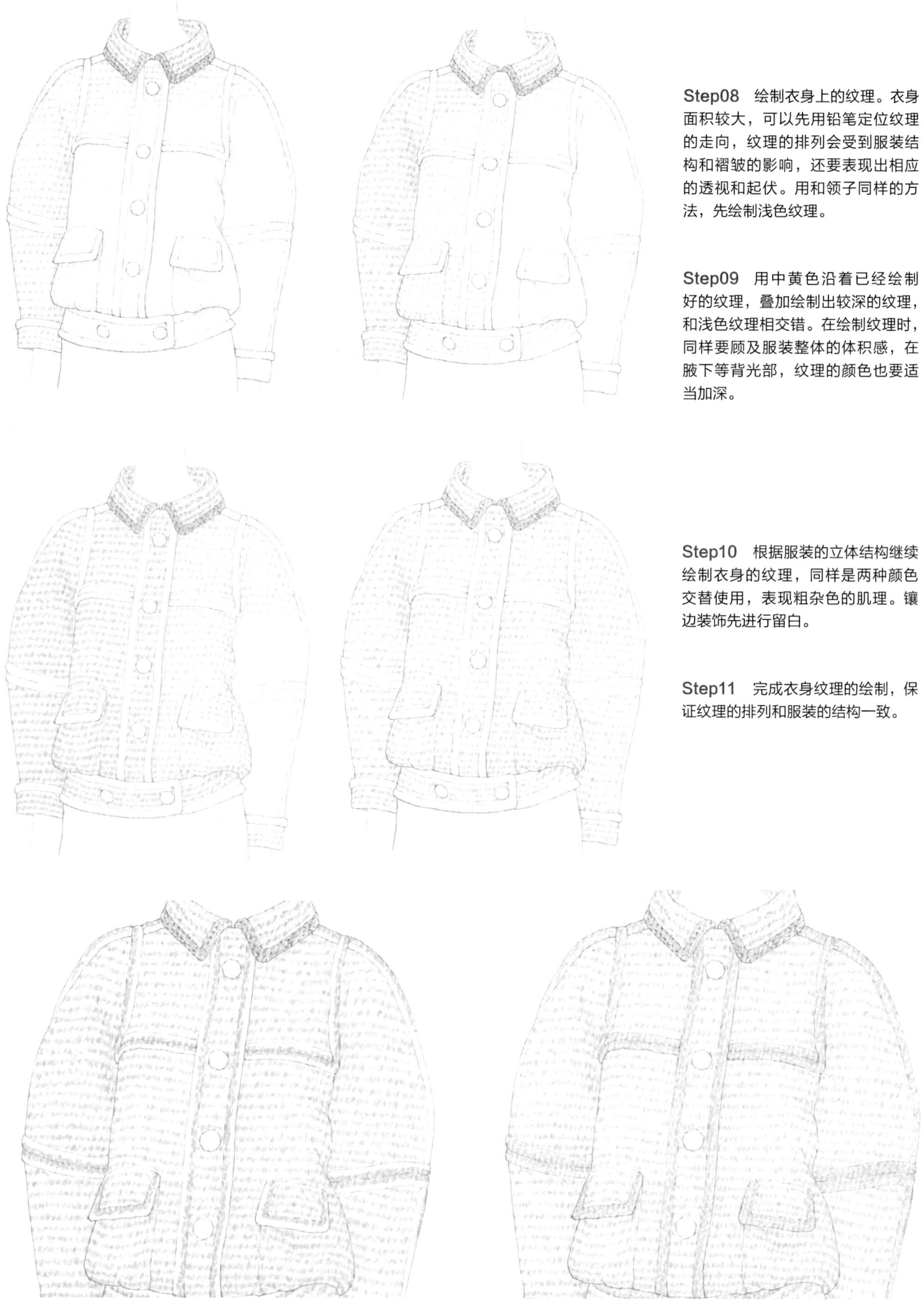

Step08 绘制衣身上的纹理。衣身面积较大，可以先用铅笔定位纹理的走向，纹理的排列会受到服装结构和褶皱的影响，还要表现出相应的透视和起伏。用和领子同样的方法，先绘制浅色纹理。

Step09 用中黄色沿着已经绘制好的纹理，叠加绘制出较深的纹理，和浅色纹理相交错。在绘制纹理时，同样要顾及服装整体的体积感，在腋下等背光部，纹理的颜色也要适当加深。

Step10 根据服装的立体结构继续绘制衣身的纹理，同样是两种颜色交替使用，表现粗杂色的肌理。镶边装饰先进行留白。

Step11 完成衣身纹理的绘制，保证纹理的排列和服装的结构一致。

Step12 绘制镶边装饰带。镶边装饰带要表现出凸起的立体感，用中黄色点状笔触绘制装饰带的暗面。

Step13 用浅黄灰色，以点状笔触绘制装饰带的亮面。

Step14　用棕褐色勾勒出人字形的纹理，进一步加强装饰边的立体感。

Step15　用同样方法绘制包扣的纹理。包扣的纹理呈放射状，但纹理不要排列得过于整齐，用交错的小短线表现出粗花呢粗糙的质感。在身体两侧、身体和胳膊交界处、后领口以及口袋和下摆的褶皱处，用线条轻轻排线叠加暗部，加强服装的立体感。

格纹外套

20世纪60年代，服装在受到极简风格和功能性需求的影响下，西方传统窄衣文化注重立体表现的构筑式裁剪方法被舍弃了，借鉴了平面构成的几何式分割法开始盛行，安德烈·库雷热(Andre Courreges)、帕高·拉邦纳（Paco Rabanne）、伊夫·圣·洛朗（Yves Saint Laurent）等知名设计师都专注于这种“年轻样式”，并引领了20世纪后半期服装设计的方向。造型简洁的A字形外套可以说是这种风格的典型代表，直线形造型、领子与衣身的比例、口袋和纽扣的位置、图案的应用，都表现出一种平面设计的美感。

Step01 起稿绘制人体动态草图，用几何体概括出头部、胸腔、盆腔和四肢的关系，表现出手臂摆动和腿部前迈的动感。

Step02 绘制出服装的大概廓形。衣身呈直线形，服装和身体间保留足够的空间，衣领扣合颈部，形成有松有紧的节奏感。服装的透视和人体的透视保持一致。

Step03 将草图擦浅，用清晰肯定的线条重新勾勒线稿，注意表现出大衣的厚度。

Step04 用水溶性彩铅绘制衬衫部分，领口翻折处和前胸受光面颜色较浅，领面下方和门襟处通过叠色加深颜色。

Step05 用水彩笔蘸取清水，将水溶性彩铅晕染开，形成类似水彩的效果。

Step06 待底色干透后，再次用彩铅叠加暗部，表现出衬衣领部的立体感。

Step07 用黄褐色的水溶性彩铅，从上到下均匀地铺出底色。

Step08 在均匀的底色上，身体和手臂两侧的暗部、口袋下方的暗部、领子下方的阴影以及外套在短裤上的投影，都通过叠色加深，表现出服装的立体感。

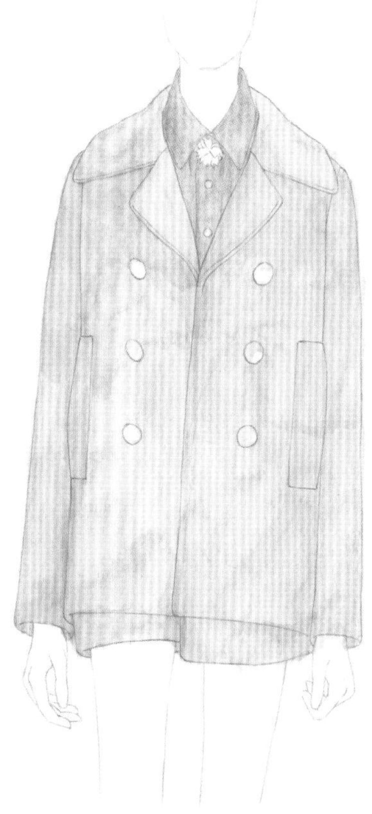

Step09 用水彩笔蘸取清水，由上至下将颜色晕染开，在晕染的过程中尽量保留服装大体的明暗关系。

Step10 待底色干透后，在晕染不均匀的地方用彩铅描绘均匀，表现出呢料的颗粒感。

Step11 绘制格子图案。从领子开始，先绘制宽格纹。格纹的方向和领子的纱向保持一致，并保证格纹左右对称。

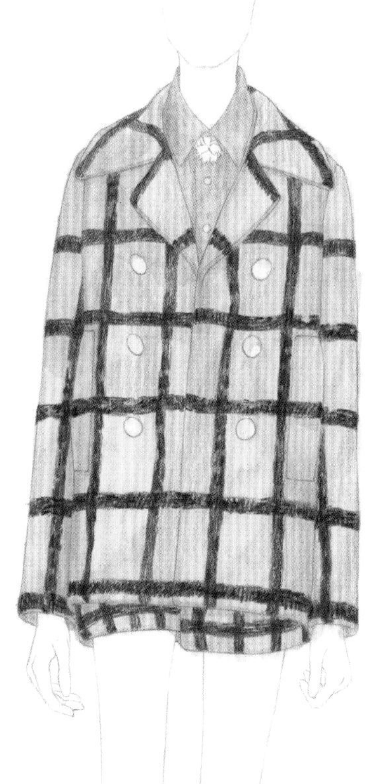

Step12 绘制衣身、袖子和裤子的格纹。衣身格纹和袖子格纹要相对应，格纹除了和衣片的纱向保持一致外，还要根据服装的立体感适当变形。

Step13　绘制细格纹，注意和宽格纹的主次关系。在绘制时配合领子的转折，表现出面料的厚度。

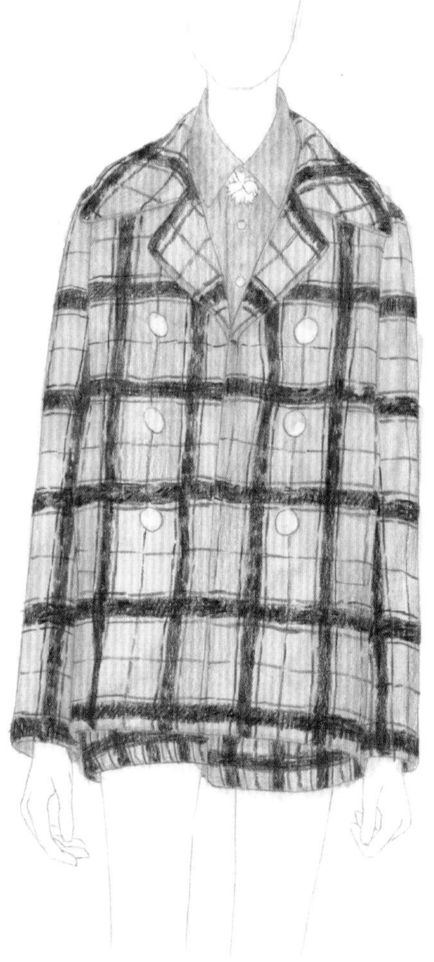

Step14　继续完成细格纹的绘制。细格纹和宽格纹保持一致，掌握好整体的节奏感。

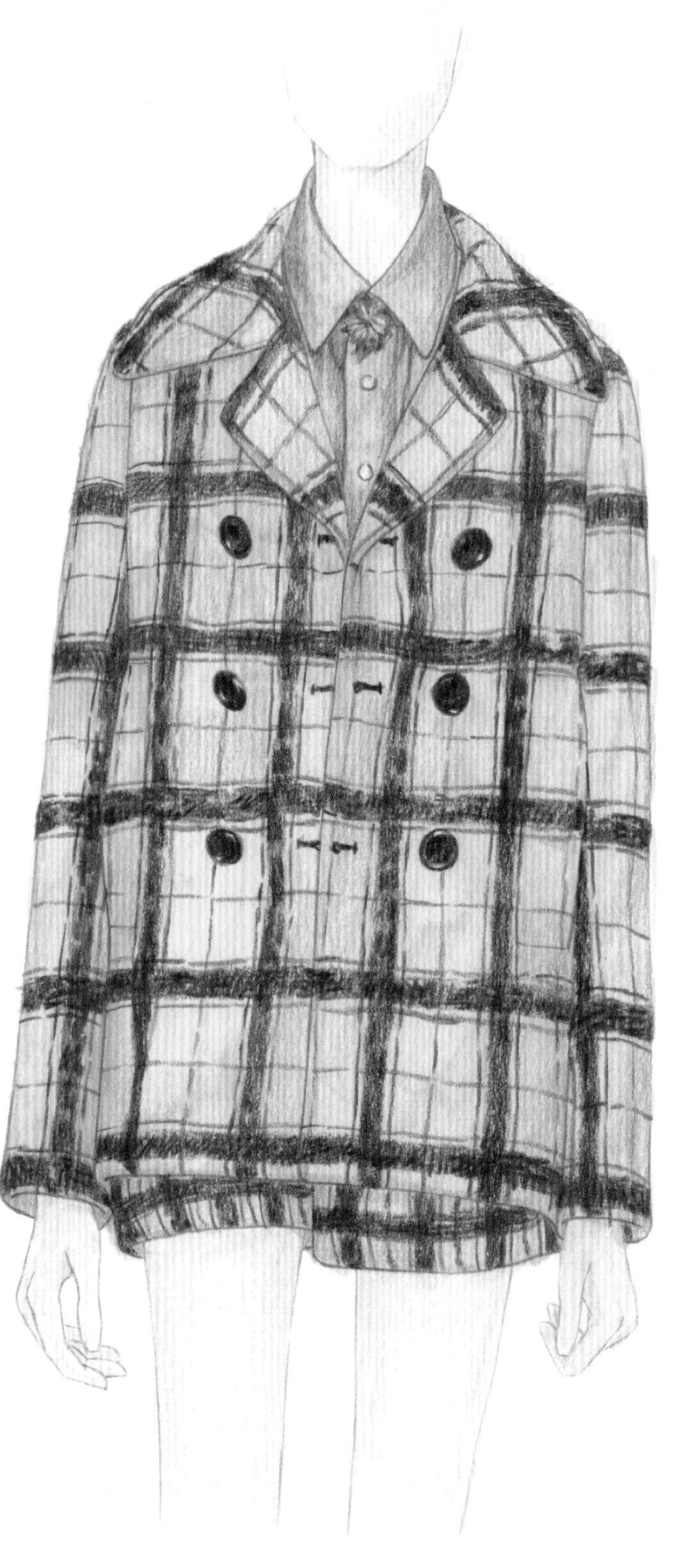

Step15　绘制领花、扣子、扣眼等细节，扣子通过预留高光和反光来表现光泽感。进一步加深衬衫的暗部和阴影，增加明暗对比度。给模特添加肤色，通过多次叠色表现出人体的立体感。

植物图案印花羊毛套装

20世纪70年代，民族风格和度假风格盛行。这一时期，设计师们不再像过去一样向着同一个方向努力，消费者们也有了更为独立的审美主张，强调自我、突出个性成为时尚的主要趋势，服装样式变得多样化。印第安的、俄罗斯的、夏威夷的，各种民族元素和度假元素层出不穷，尤其是斑斓多彩的印花图案的大量应用，使时装界呈现出崭新的面貌。

Step01　起草绘制人体动态，注意肩和胯的倾斜度，尤其要表现出胯部的摆动。

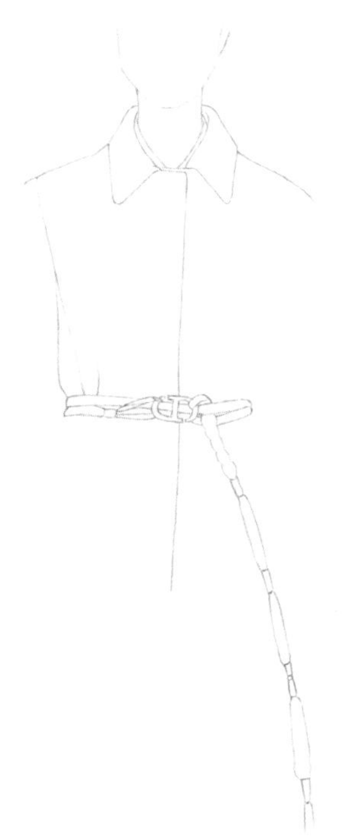

Step02　将人体草图擦掉，只留下浅浅的印记。在人体的基础上绘制服装。可以先从贴合身体的腰带部分开始绘制。

Step03　绘制完外衣和短裤的线稿，在领子、口袋、门襟、袖口和裤口的翻折处等部位要表现出服装的厚度。

Step04　绘制出衬衫袖子的线稿。衬衫面料较薄，会产生较多褶皱。

Step05　从亮面开始轻轻地铺出服装底色，注意控制用笔力度，亮面的颜色不要太深。

Step06　继续铺底色。在绘制中通过颜色的深浅变化表现出服装的转折结构和明暗关系。

Step07 在表现服装结构转折和立体感的同时，强调褶皱的起伏。羊毛面料的质地较为厚实，因此褶皱不多，主要集中在被系紧的腰带部位，尤其是因为顶胯，在身体左侧会产生明显的挤压褶。

Step08 用同样的方法铺出短裤的底色，表现出相应的立体感，同时刻画裆部因为行走而产生的拉伸褶。

Step09 再次叠色，使亮部和暗部的过渡更加柔和，也使服装的颜色更接近想要表现的固有色。借助彩铅笔触的颗粒感，能够较为生动地表现出羊毛的质感。

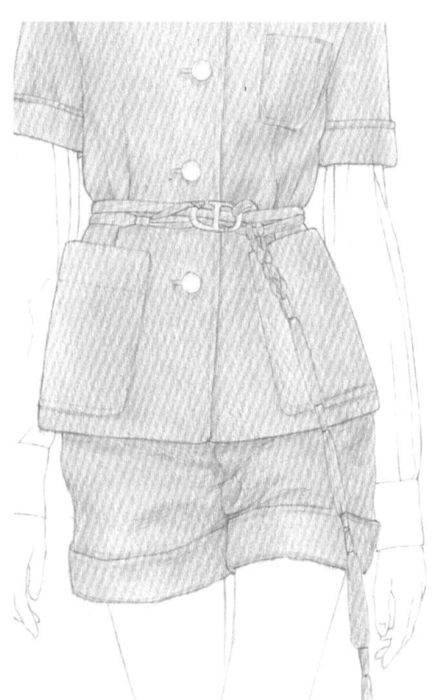

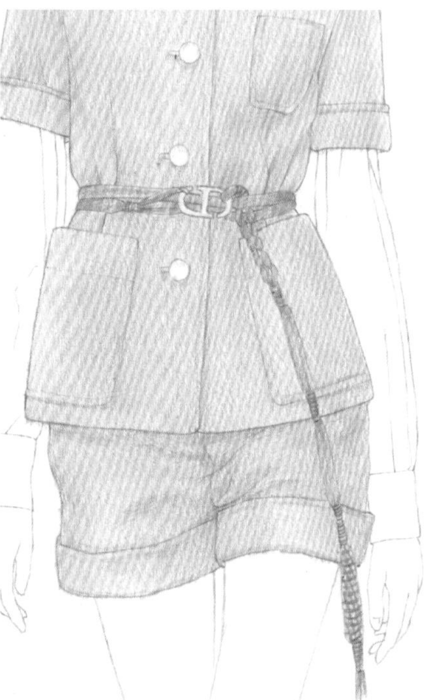

Step10 绘制腰带的底色，平铺即可。

Step11 用深褐色绘制腰带的暗部，表现出腰部圆柱体般的体积感。腰带上下交叠，通过强调阴影表现出上下层次。

Step12 将铅笔削尖，用精细的线条绘制出腰带的编织纹理。

Step13　选择一个中度灰色，绘制印花图案。先绘制浅色的图案，精细布置好图案的位置和主次图案之间的关系，在身体侧面的图案会因为透视产生相应的变形。

Step14　完成图案基本形的绘制，要留意被遮挡住的图案。图案受到褶皱起伏、袖口和裤口翻折的影响，会产生相应的错位和变形。

Step15　从主花形开始，用深色刻画图案的细节，使花卉的造型更加完善，表现出更丰富的层次。

Step16　完成花卉图案的绘制。

Step17　绘制纽扣和扣眼，用深褐色绘制纽扣底色，用黑色勾勒纽扣边缘，加深暗部，表现出纽扣的立体感。

Step18　用浅蓝色绘制出衬衫的亮部颜色。

Step19　用稍微深一些的颜色叠加出衬衫暗部的颜色。

Step20　通过调整笔触的排列方向来表现褶皱的大小和形状，褶皱的暗面有明显的区域感，在绘制时要注意取舍，不要画得太碎。

Step21　完成衬衫的绘制，尽管衬衫的褶皱较多，但仍然要呈现出圆柱体般的体积感。给模特添加人体肤色，完成绘制。

经典款服装表现范例

Chapter

03

第三章

不同性质彩铅完全步骤表现

3.1 普通彩铅的时装画表现

普通彩铅是所有绘画工具中最容易掌握的工具之一，也是初学者入门的首选工具。普通彩铅不仅色彩繁多，而且混色容易，用来绘制时装画时，能很好地表现出柔和的色彩、细腻的笔触和丰富的层次。需要注意的是，普通彩铅的色彩较为透明，一般叠色两到三次才能够形成比较鲜明的色调。很多初学者很难用普通彩铅绘制出完成度较高的时装画，一方面是因为怕弄脏画面而不敢进行叠色；另一方面是不能很好地控制用笔力度，无法形成丰富的层次。这两个问题，都需要通过大量练习来改进。

普通彩铅的透明度较高，因此在起稿时，应尽量保证画面干净、清爽，在着色时最好先将不必要的辅助线擦除，以免影响着色效果。尽管叠色和混色是普通彩铅最常用的技法，但是叠色和混色的次数过多，会影响色彩的透明度，颜色也会变"脏"，绘制时一定要把握好度。普通彩铅的色彩，可用橡皮擦除，但是不能完全清除。要避免多次擦除，否则会损坏纸张。

Step01 借助肩线、腰线和臀线等辅助线，简单起草人体模特的基本动态。

Step02 勾画大致的造型轮廓，包括服装、首饰、鞋包等配饰，标示出五官的大致位置。

Step03 擦除不必要的辅助线，清晰地表现出服装的款式，将主要的衣纹表现出来。

Step04　绘制脸部及颈部的肤色，平涂绘制即可。

Step05　选择同色系的深色，描绘脸部和颈部的投影，表现出立体效果。

Step06　绘制眼部的妆容。本案例表现的是较为自然的妆容，用同色系的深色绘制眼影，再描绘出眼线。

Step07　绘制唇部妆容，可选择较浅的红色系并与眼影色彩相呼应。

Step08　用浅灰色打底，绘制出头发亮部的颜色。

Step09　用深灰色绘制头发的深色部分，大致勾勒出发丝的走向，表现出头部的立体感。

Step10　绘制腿部和脚部肌肤的亮部颜色。

Step11　用较深的颜色描绘腿部和脚部的暗部，膝关节和踝关节要重点刻画。服装下摆和鞋在皮肤上的投影也要表现出来。

Step12 绘制首饰时可先从亮部画起，高光部分注意留白。

Step13 加深首饰的暗部颜色，通过渐变过渡描绘出球体的立体效果。

Step14 开始绘制服装，为了避免画面被蹭脏，可以按从上往下的顺序绘制。先从领子开始，领子为绒面材料，上色时过渡要柔和。

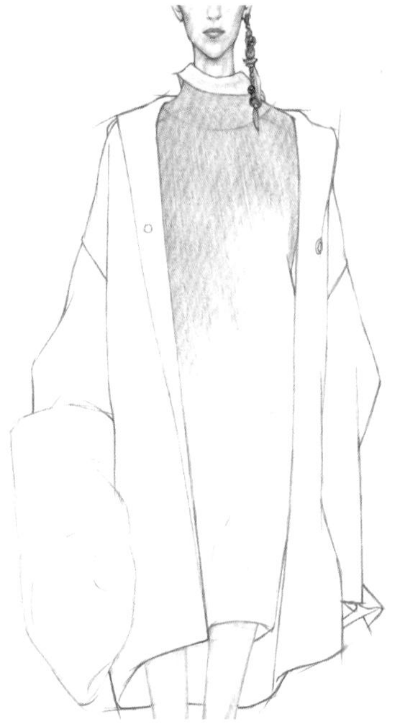

Step15 绘制内搭的羊绒质感连衣裙，先铺出底色，为了表现出羊绒质感，要注意笔触的方向性。

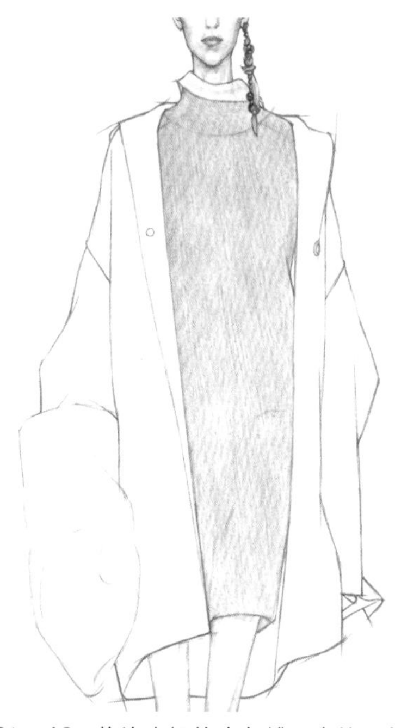

Step16 将连衣裙的底色铺设完毕，标示出主要的褶皱。

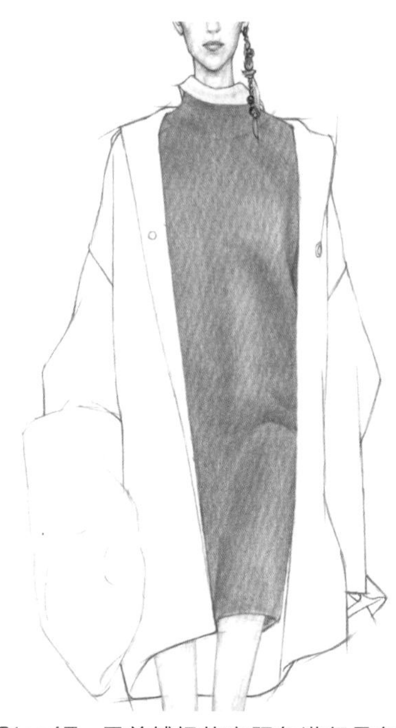

Step17 用羊绒裙的主题色进行叠色，注意笔触不要过于密集，要适当透出一部分底色。描绘出羊绒面料产生的衣纹，色彩过渡要柔和。

Step18 用深灰色描绘连衣裙的缝合线，在强调缝制手法的时装中，缝合线需重点表现出来。

Step19 表现出其他部位明显的缝制特征。

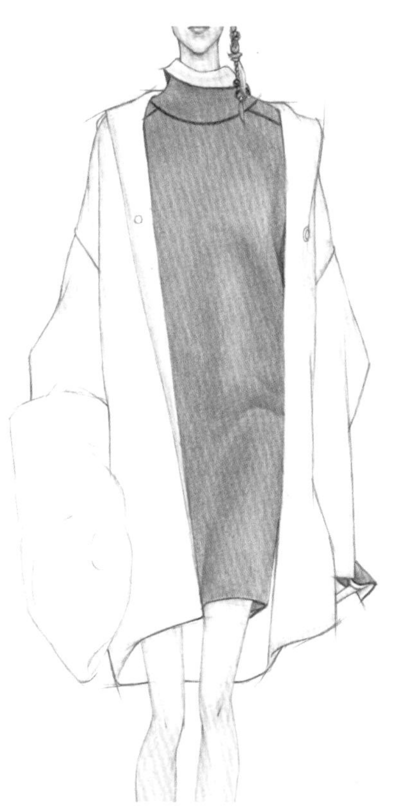

Step20　外套为双面呢，这种面料的毛边收整后会有明显的突起效果，边缘铺上较亮的颜色。

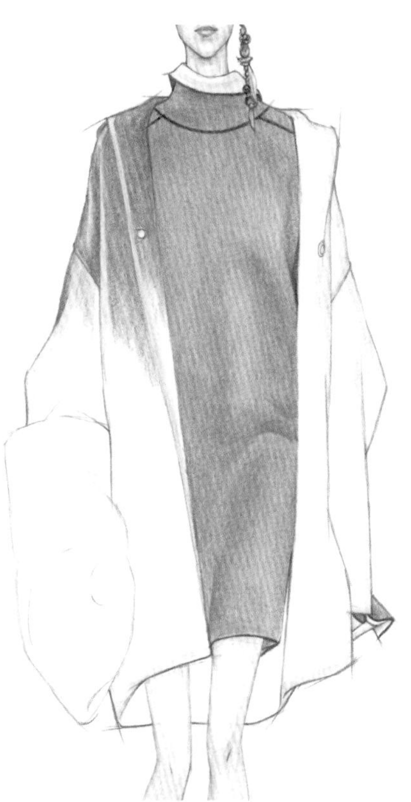

Step21　绘制外套的主色。

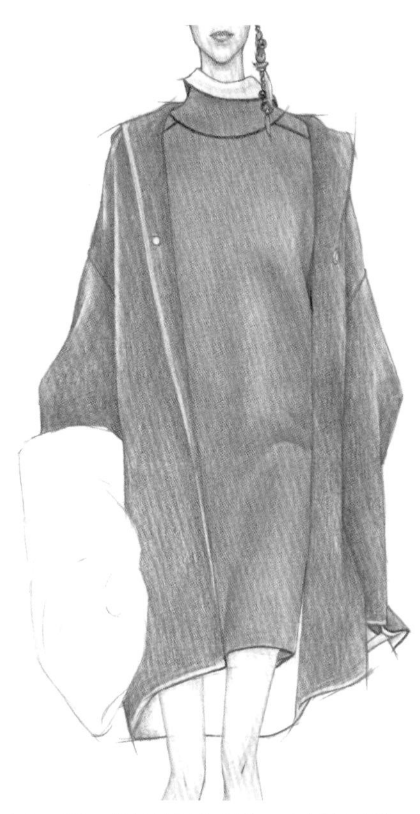

Step22　颜色较深的服装，在铺色时就可以通过控制用笔力度，表现出阴影的深浅，使服装具有立体感。

Step23　由于普通彩铅的颜色密度较低，可以根据需求二次铺色，以表现出服装厚实的质地。二次铺色时，注意不要破坏已有的明暗关系。

Step24　绘制外套的暗部颜色，可用同色系的其他深色来描绘丰富的效果。

Step25　最后描绘外套的图案。

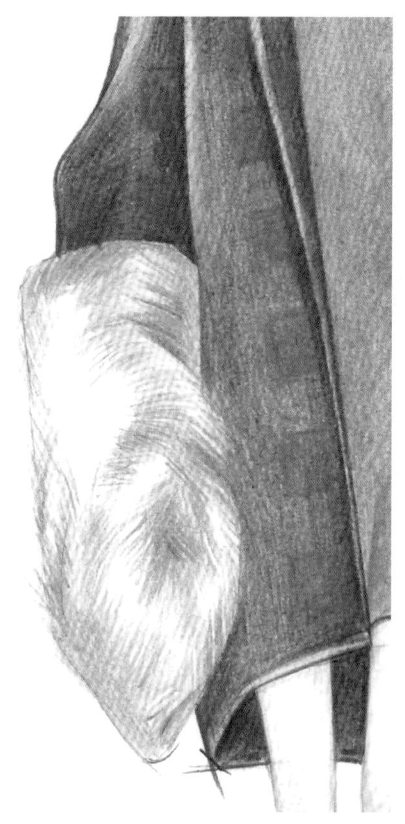

Step26　从最浅的颜色开始绘制皮草面料，高光部分做留白处理，要注意表现出皮草的体积感，在用笔上以参差的短线为主。

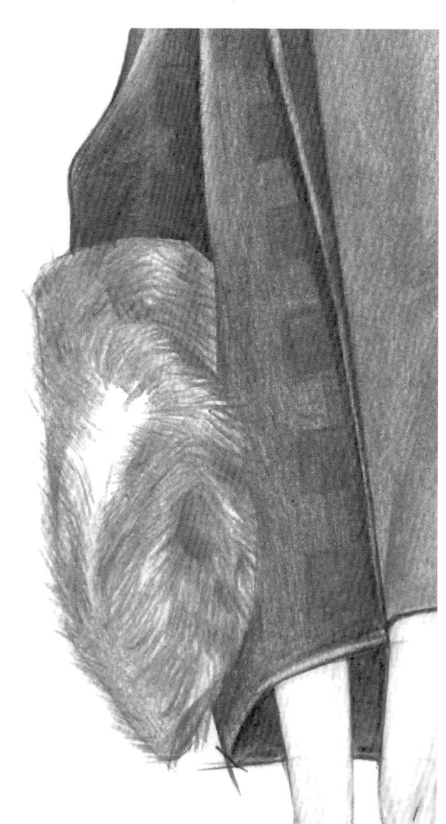

Step27　用深色覆盖浅色，并逐层描绘出皮草的层次感。

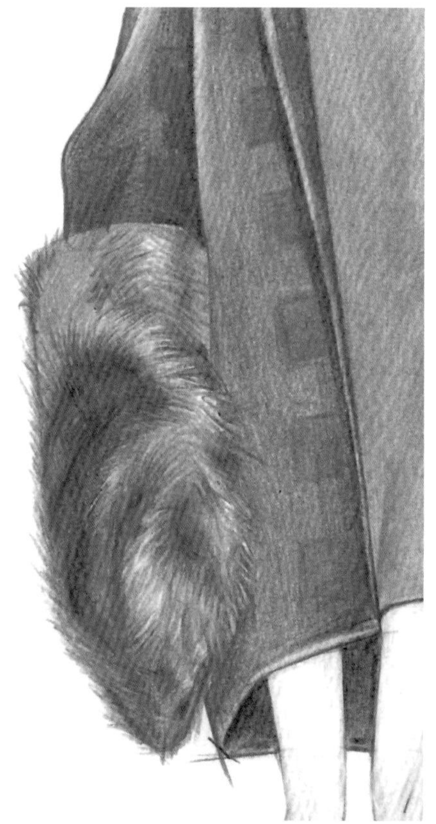

Step28　并非每个部分都要细致刻画，局部阴影部分可以忽略笔触，平涂出色调即可。

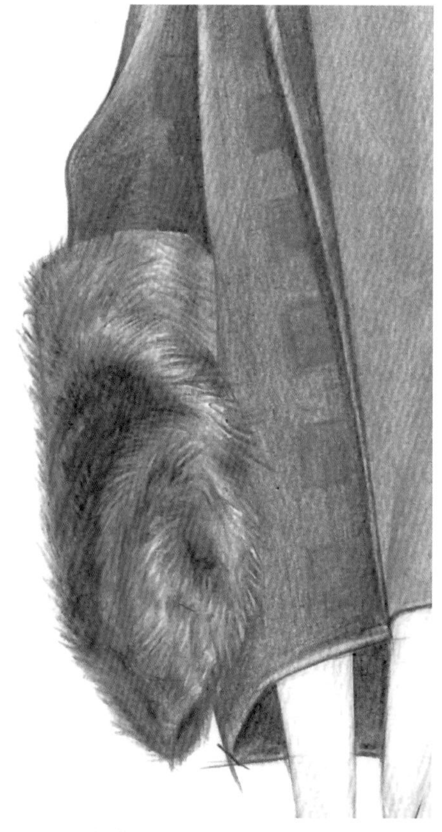

Step29　描绘最深的阴影，顺着皮毛的走向和整体边缘进行刻画。

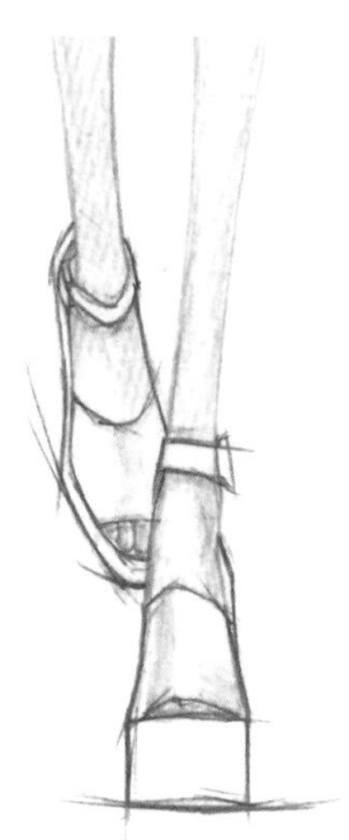

Step30　绘制鞋子时，先画出亮部颜色向高光的过渡。

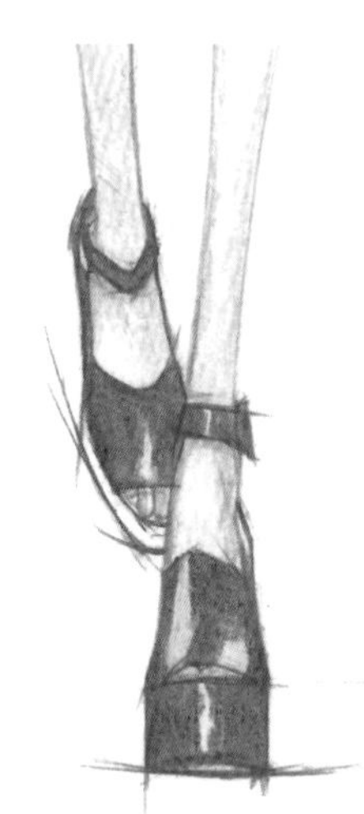

Step31　铺设鞋子的主体色，注意表现出立体感。

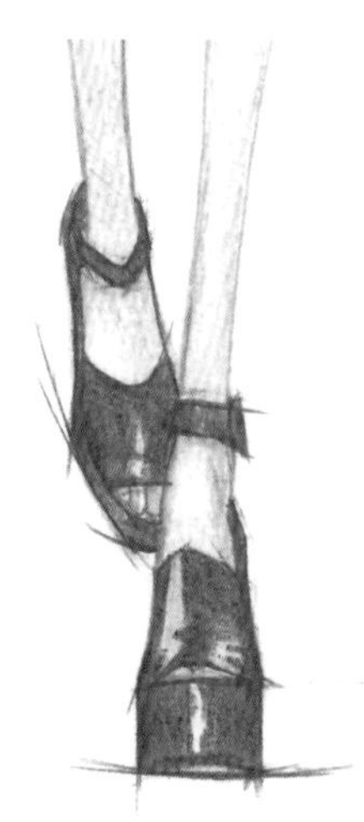

Step32　强调鞋子的暗部颜色和明暗交界线，展现出立体感。因为材质的缘故，还要表现出反光。

Step33　进行细节调整完成画面。

小注

时装造型来自：
Céline

3.2 油性彩铅的时装画表现

油性彩铅的基本技法和普通彩铅类似，但因为笔芯的质地较为粗糙，所以在细节表现上不如普通彩铅精细，细节部分还需要用普通彩铅来完善、补充。不过，油性彩铅的色彩更为鲜亮并有一定的光泽感，适合表现色泽艳丽、浓郁的设计作品。

油性彩铅的笔芯带有蜡质感，覆盖性较强，因此在叠色时需要注意，不要将颜色涂得太“死”、太“腻”，否则除了会在纸面上形成不自然的反光外，还会影响第二层的叠色。因此，油性彩铅的叠色次数也不宜过多。

虽然油性彩铅具有一定的覆盖力，但其本质上仍然属于半透明的绘画材质，因此要保持画面的干净整洁，清除不必要的辅助线，做好着色前的准备工作。使用油性彩铅绘制时装画，可以选择稍微厚实一些的纸张。在修改时不要使用普通的绘图橡皮，因为笔芯的蜡质会和橡皮粘在一起，弄脏画面。绘制时可选择可塑橡皮将“画过火”的颜色粘走一部分，再继续修改。

Step01 起草人体模特的基本动态。

Step02 绘制出大体的服装造型，此案例中表现的是较为宽松的服装款式，注意服装和人体之间的空间，同时注意人体运动对面料造成的形态和褶皱走向的影响。

Step03 擦除不必要的辅助线，绘制褶皱走向，并标示出印花图案的大概轮廓。

Step04　平铺皮肤的颜色。

Step05　绘制皮肤的暗部，要注意服装在皮肤上形成的投影，并表现出立体感。

Step06　绘制脸部的妆容，眼妆、口红和瞳孔的色彩应互相呼应。

Step07　绘制头发的亮部颜色，顺着发丝的走向用笔，高光处做留白处理。

Step08　叠加头发的主体颜色，与亮色要形成自然的过渡，然后细致刻画发梢和刘海，体现出发型的特点。

Step09　加深头发的暗部，以突显头部的立体感。

Step10　平铺紧身胸衣的底色，并绘制出花蕊。

Step11　描绘印花的花瓣，先绘制同一色系的花瓣，通过控制用笔力度表现出立体效果。

Step12 绘制印花中其他色系或其他类型的图案，先绘制面积较大的图案。

Step13 再补充印花的细节部分，如植物的枝干和叶片。

Step14 绘制外套的亮部颜色。案例中表现的是一件有光泽的丝缎大衣，其特点是高光面积大且形状不规则，在绘制亮部颜色时，要注意将高光处留白。

Step15 继续绘制外套的亮部颜色，在这一步，褶皱需要有所取舍。

Step16　绘制外套的主体颜色，同时进一步描绘面料的褶皱。较为挺括的面料的明暗对比会非常强烈。

Step17　绘制完外套的主体颜色，深入刻画暗部和细碎的褶皱。因人体运动产生的褶皱刻画得要鲜明一些（如手肘处的褶皱），因为面料质感而产生的褶皱要绘制得弱一些（如领子和前襟上的褶皱）。

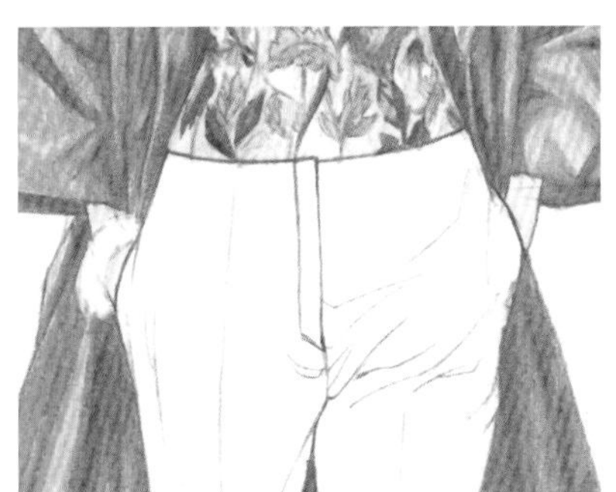

Step18　不要漏画手腕部皮肤的颜色。

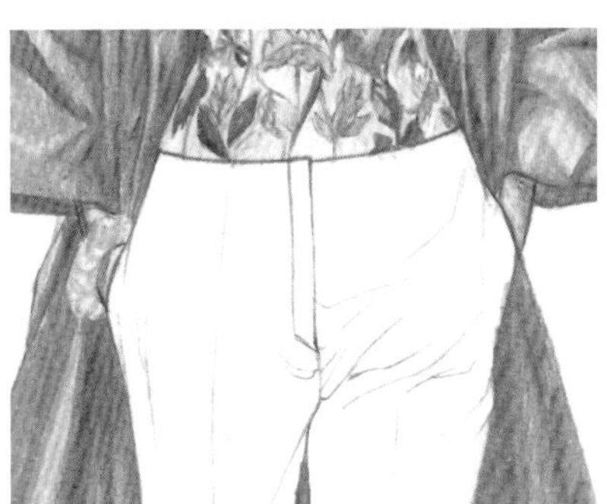

Step19　添加袖口在手腕上的投影。绘制出首饰的主色，亮色处留白。由于首饰的面积较小，简略绘制即可。

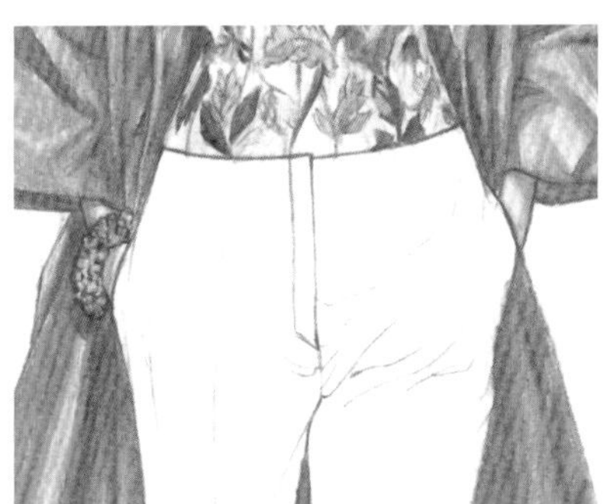

Step20　加深首饰的暗部，并表现出首饰的质感。

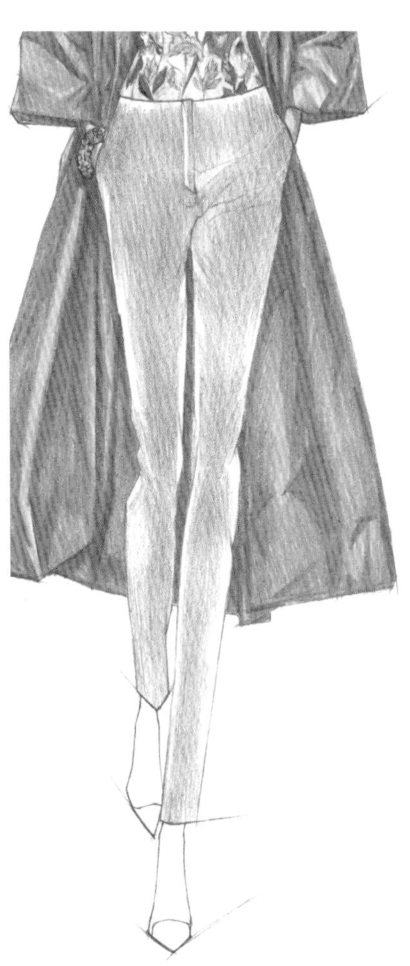

Step21　绘制裤子的亮部，要注意前后腿的明暗关系。

Step22　用深色绘制裤子的暗部，表现出立体感。通过笔触的方向表现出因为行走而产生的褶皱。

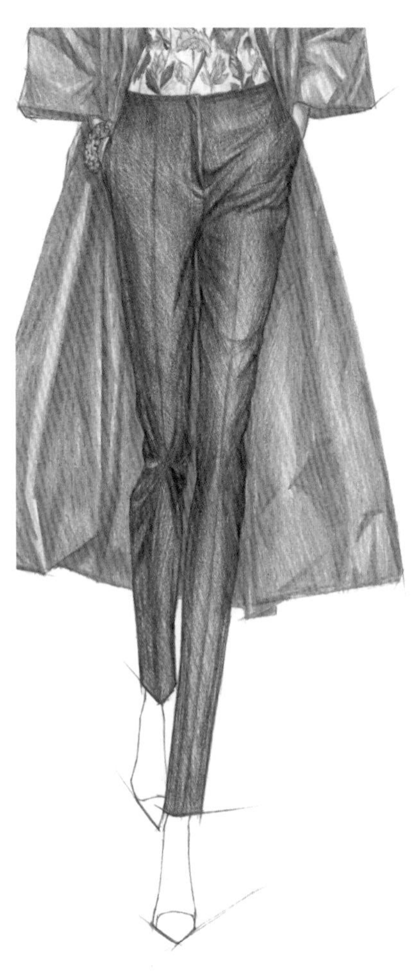

Step23　前面的腿要绘制得详细一些，后面的腿可适当弱化，完成裤子的绘制。

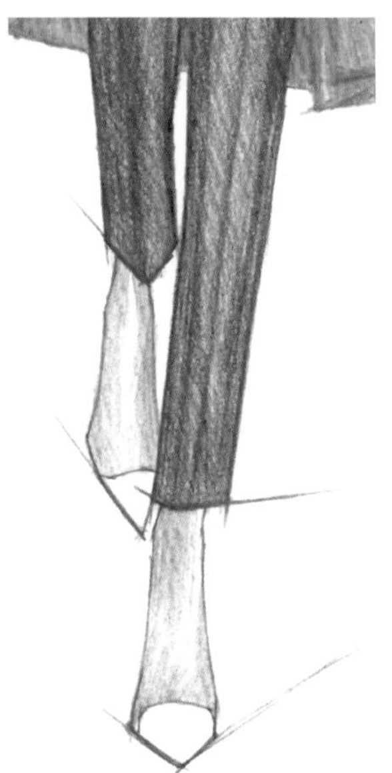

Step24　丝袜的描绘可从浅色开始。

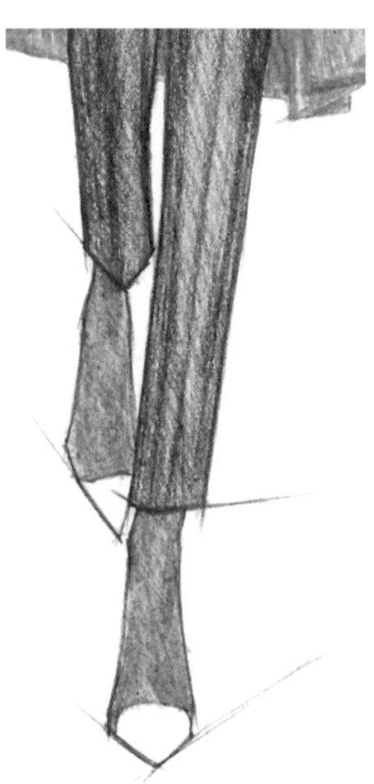

Step25　叠加暗部颜色，丝袜的明暗对比较弱。

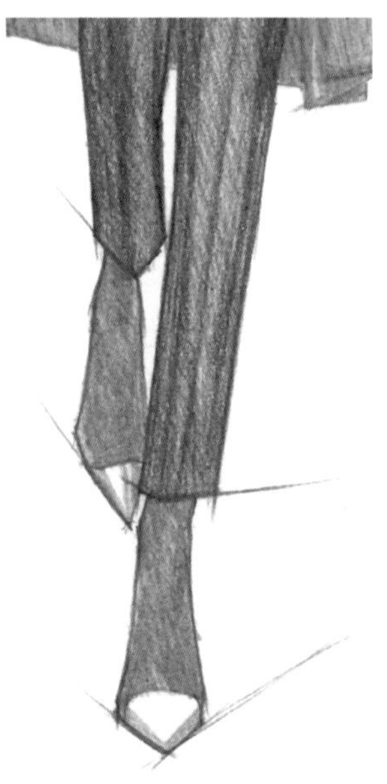

Step26　绘制鞋子的亮灰部。

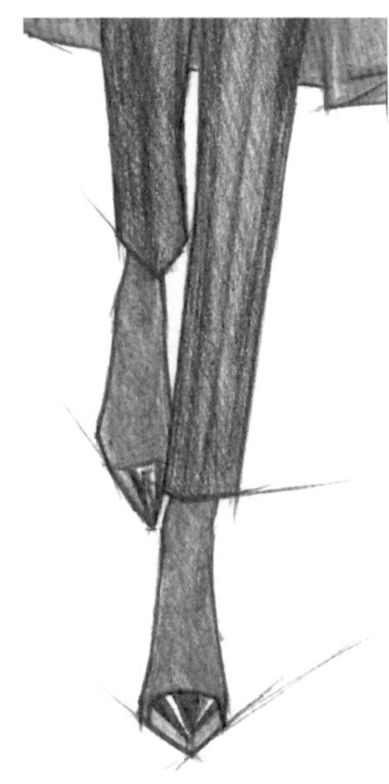

Step27　加重鞋面的不受光部分，因鞋子是漆皮材质，反光性强，所以明暗对比强烈。

Step28　调整画面大关系，完成画面。

小注

时装造型来自：
Christian Dior

3.3 水溶性彩铅的时装画表现

水溶性彩铅的表现技法分为两大类：一类是和普通彩铅一样的平涂、排线和叠色，另一类是接近水彩渲染的水溶。不过在时装画的表现中，这两种技法往往是综合使用的，水溶前必须用水溶性彩铅填色或涂抹，水溶后仍可用水溶性彩铅在底色上描绘纹理或肌理。正因为颜色的反复叠加，所以水溶性彩铅表现的时装画颜色往往比较浓郁，彩铅的精致细腻和水彩的淋漓尽致，可以在一幅作品中得到展现。

水溶性彩铅和普通彩铅一样，属于半透明的绘画材质，水溶后其透明性更强，对画面的干净整洁度要求更高，水溶后其性质和水彩一样。因此应该先绘制浅色部分，一方面是因为浅色无法覆盖深色，另一方面是为了避免渲染时碰到深色而脏污画面。

正因为水溶性彩铅接近水彩的特性，因此对纸张有一定的要求，若是水溶的面积不大，选择较为厚实的素描纸或绘图纸即可；若是水溶的面积较大，最好选择吸水性较强的水彩纸。如果想要达到像水彩一样水色交融的淋漓效果，在绘画之前还需要先裱纸。

Step01 起草人体模特的基本造型。

Step02 绘制出服装的大致廓形。

Step03 用简约的线条整理出服装的造型，并标注出印花的大致位置。

Step04　用水溶性彩铅平铺肤色，用笔力度要均匀，方向也要一致。

Step05　用水彩笔或储水笔把彩铅晕染开，水溶后的颜色会更细腻。晕染的用笔方向最好和水溶性彩铅平涂底色时的用笔方向不同，避免来回涂抹。

小注

平涂与水溶效果的比较

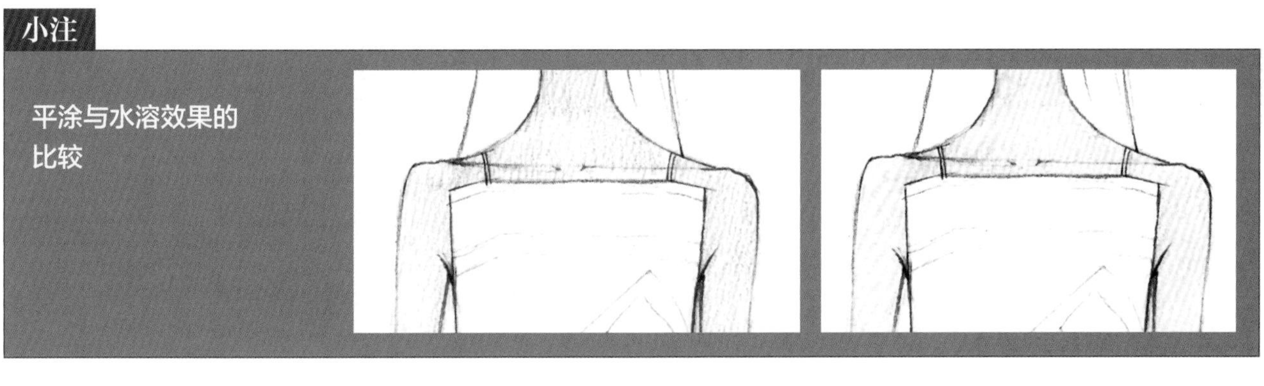

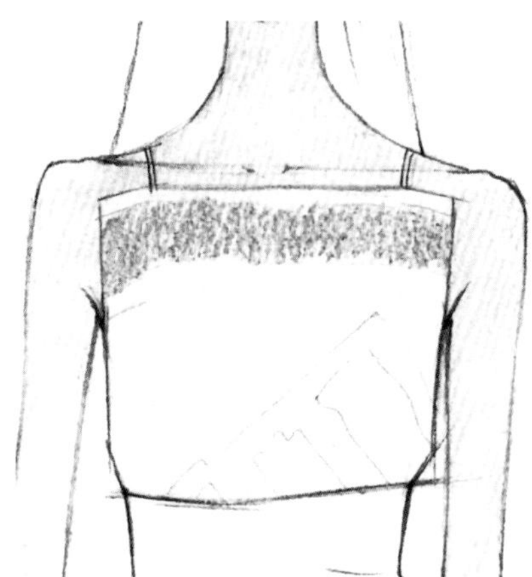

Step06　印花部分着色。先将中黄与浅水红色进行混色。

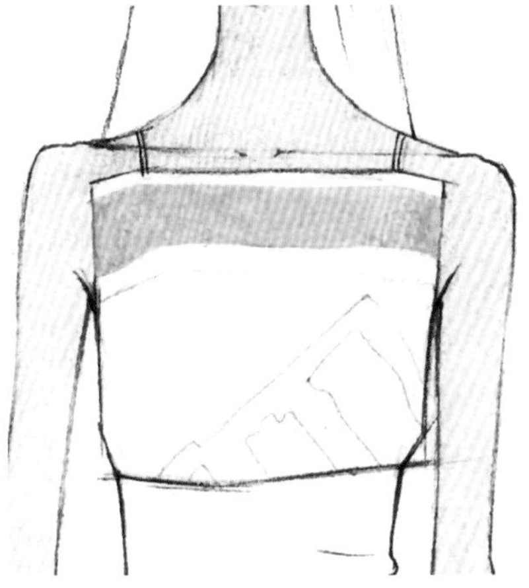

Step07　加水溶解后形成较为平整的色块。

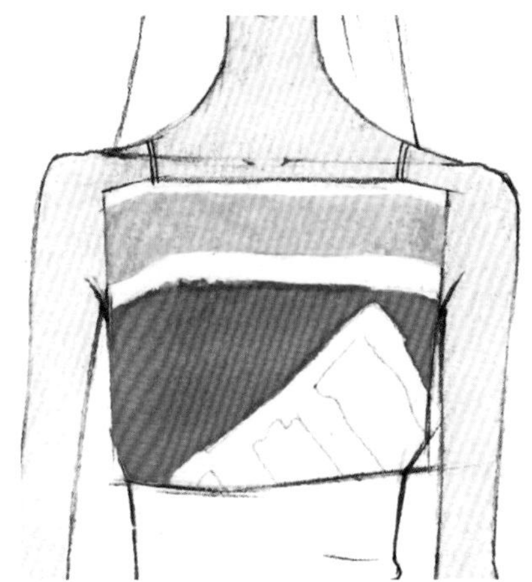

Step08　用水红色彩铅平涂后进行水溶。

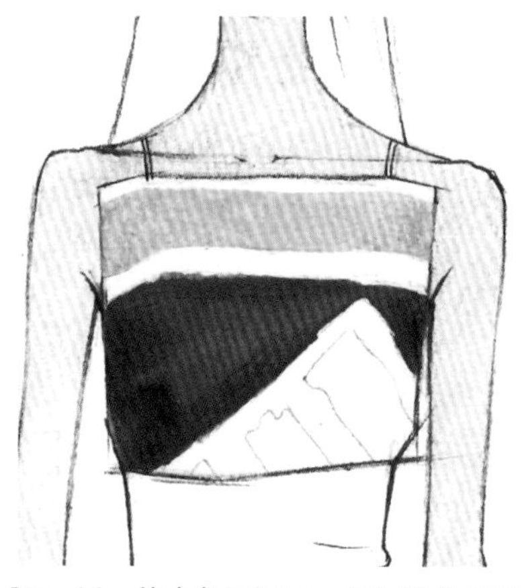

Step09　待底色干透后，用深红色叠加阴影，表现出立体感。

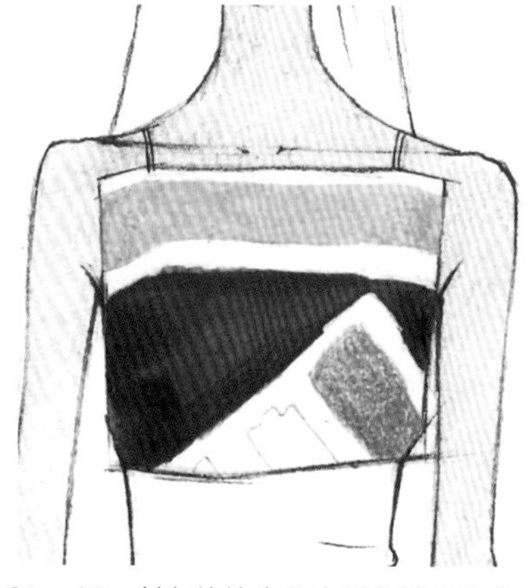

Step10　斜条纹处先用水红色铺出底色，再用稍红的红色叠加暗部。

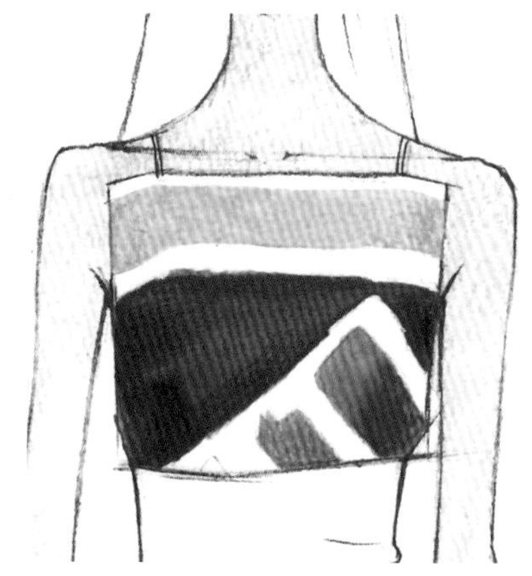

Step11　利用水溶将两种颜色自然过渡，表现出立体感。

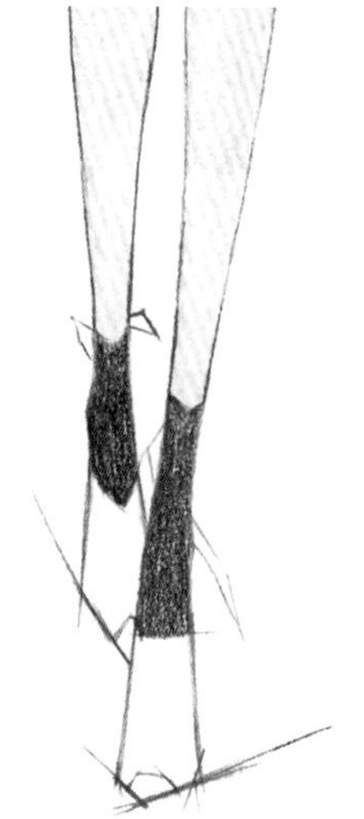

Step12　用同样的方法平涂袜子的底色。

Step13　水溶袜子的颜色。

Step14　干透后用彩铅直接描绘袜子的褶皱，并平铺出鞋面的颜色。

Step15　水溶鞋面的颜色。

Step16　描绘鞋面的暗面表现出立体感。案例中表现的是类麂皮材料，灰度变化较少。

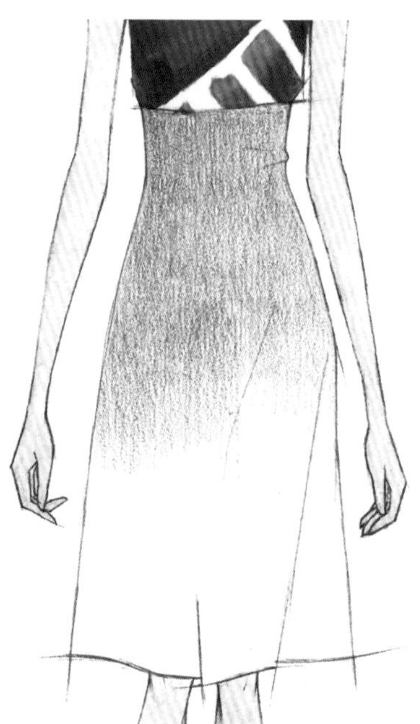

Step17　绘制裙子的底色，注意用笔方向。

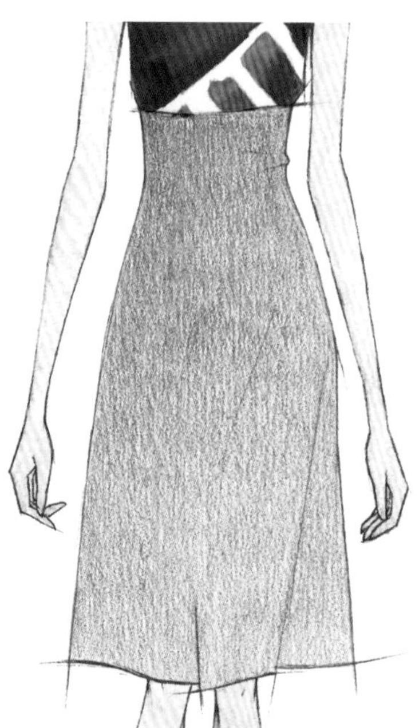

Step18　将底色铺满整条裙子。

Step19　进行水溶。示范面料为类麂皮材质，水溶时不必太过均匀。

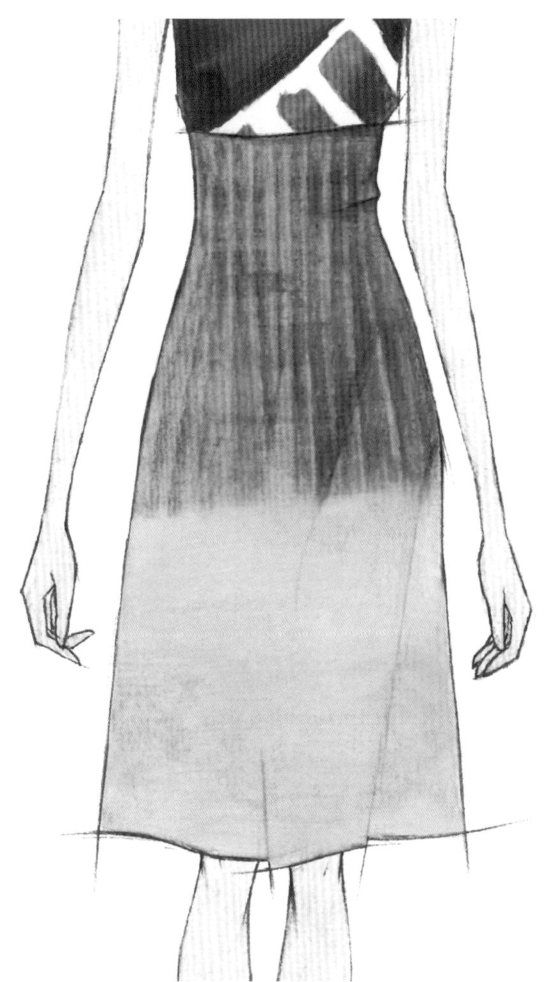

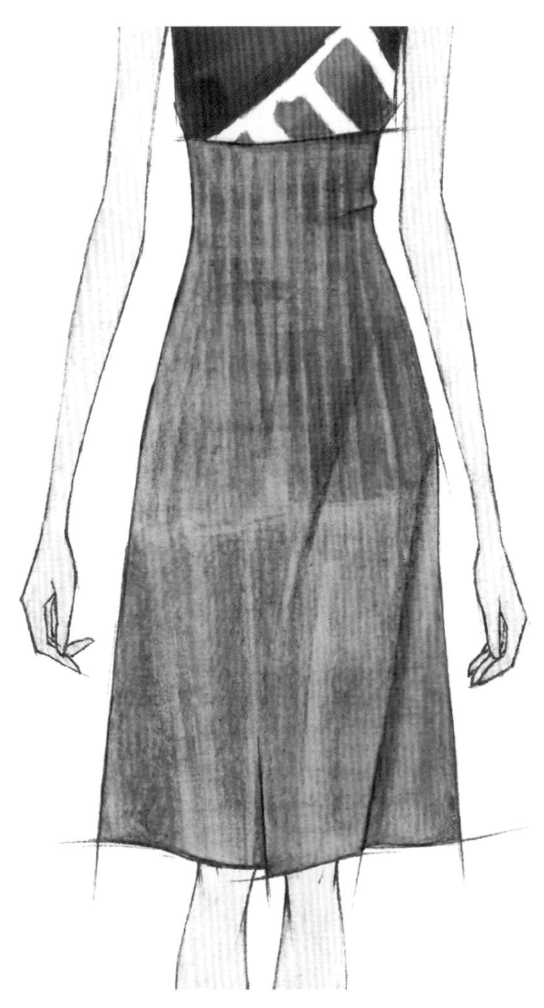

Step20　在底色未干透时，用水溶性彩铅直接描绘麂皮的肌理，彩铅在未干透的底色上会略微溶解开，形成不整齐的边缘。

Step21　麂皮的肌理会因人体结构和褶皱起伏而变形，在绘制时要尤其注意。加深裙摆上的褶皱。

Step22　用干画法绘制妆容，并略微加重脖子上的投影。

Step23　顺着发丝的走向绘制头发的亮色，并用干湿结合的方法绘制好耳环。

Step24　水溶头发的颜色，待干透后绘制深色部分，表现出立体感。最后勾勒发丝的走向。

Step25　调整整体关系，完成画面。

小注

时装造型来自：Kenzo

3.4　色粉彩铅的时装画表现

色粉彩铅和前三类彩铅有本质上的不同，前三种彩铅或多或少都属于透明材质，技法主要是“深压浅”；而色粉彩铅则是不透明材质，覆盖力较强，在绘制时，可以采用“浅压深”，即可以先用深色铺底，再用浅色提亮。色粉彩铅的颗粒感质地和涂抹后形成的润泽、柔和而厚重的效果，非常适合用来表现皮草、呢绒等面料的质感，因此很多表现秋冬季时装的时装画，可以使用色粉彩铅。

色粉彩铅的粗糙质感虽然能带来独特的艺术效果，但是对于细节的描绘往往不够精致，因此可以使用油性彩铅或普通彩铅进行补充。色粉彩铅具有较强的覆盖性，在着色时能够覆盖住铅笔的线条，在起稿时线条可以粗糙一些。色粉彩铅的粉质铅芯容易掉粉，因此在着色时最好按照从上到下或从左到右的顺序，免得握笔的手蹭脏画面。修改时，最好先用可塑橡皮将纸面上的浮粉粘掉，再用绘图橡皮擦除需要修改的部分（颜色并不能完全清除干净）。在绘制时也最好隔段时间就清理一下纸面上的浮粉。绘制完成后，最好喷上定画液进行保存。

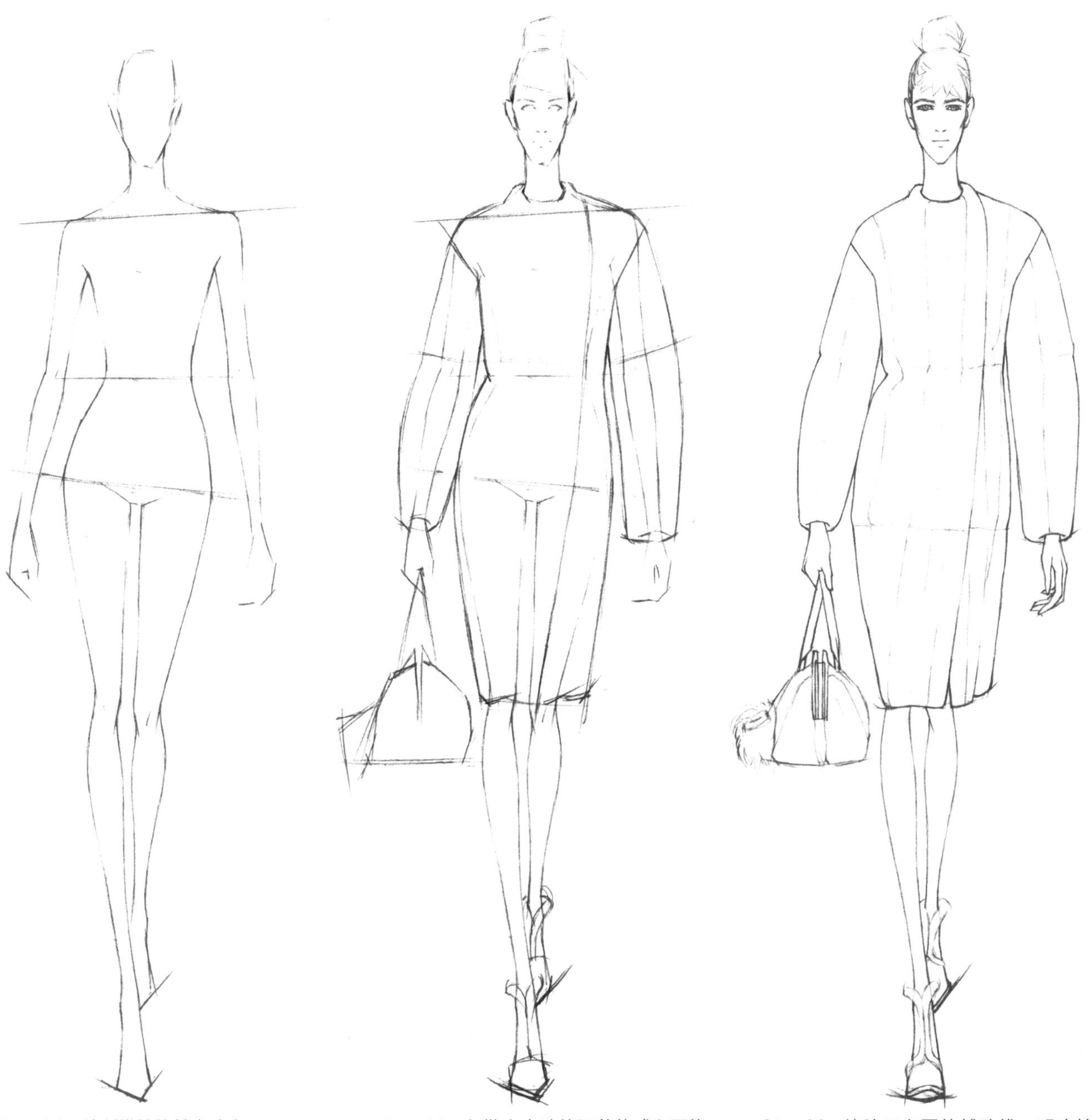

Step01　绘制模特的基本动态。

Step02　勾勒出大致的服装款式和配饰，主要是袖子的特殊造型。

Step03　擦除不必要的辅助线，明确轮廓的线条。皮草材料的外轮廓在这一阶段可不必深入描绘。

Step04　用油性彩铅平铺皮肤的颜色，以表现皮肤细腻的质感。

Step05　塑造脸部的立体感。

Step06　描绘妆容。眼妆和口红的色彩要呼应。

Step07　绘制头发的颜色。

Step08　绘制头饰，头饰为皮草材质，色彩效果朦胧。要用色粉彩铅铺一层较浅的底色。

Step09　用纸擦笔推开色粉粉末，表现出立体感。

Step10　用同样的方法绘制深色部分。

Step11　用深色勾勒一束束皮毛，这一步可使用塑形效果较强的油性彩铅。

Step12　描绘皮毛的针状质感。要注意皮毛类材质的边缘效果。

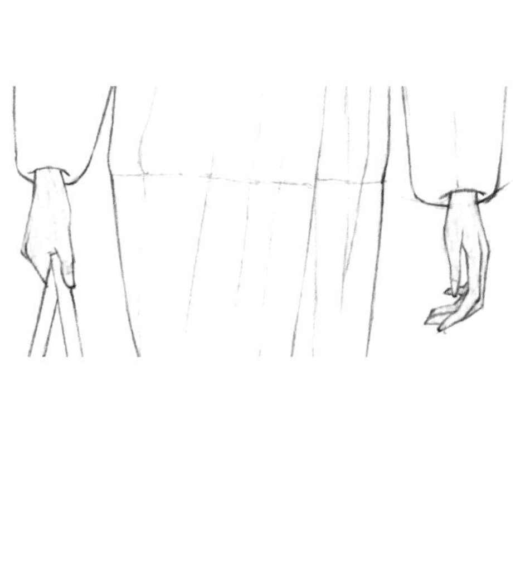

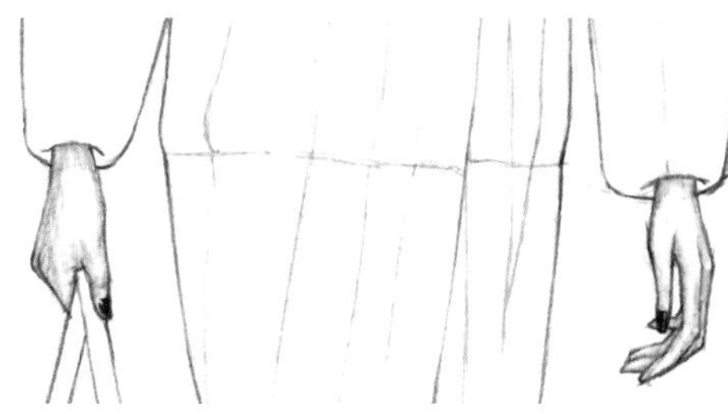

Step13　色粉彩铅与纸擦笔配合绘制手部皮肤的颜色。

Step14　用油性彩铅加深手部的暗面，表现立体感。

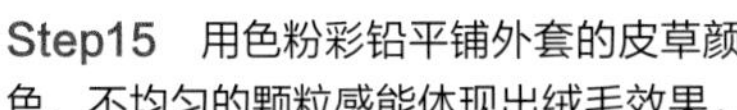

Step15　用色粉彩铅平铺外套的皮草颜色，不均匀的颗粒感能体现出绒毛效果。

Step16　用纸擦笔推开粉末，使色粉彩铅的质地更加细腻。

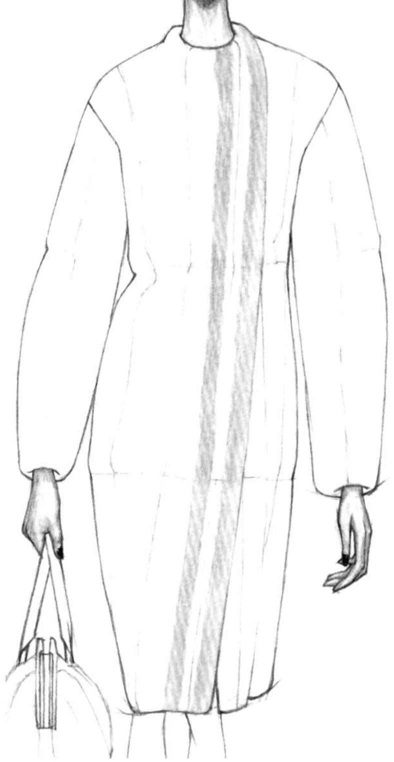

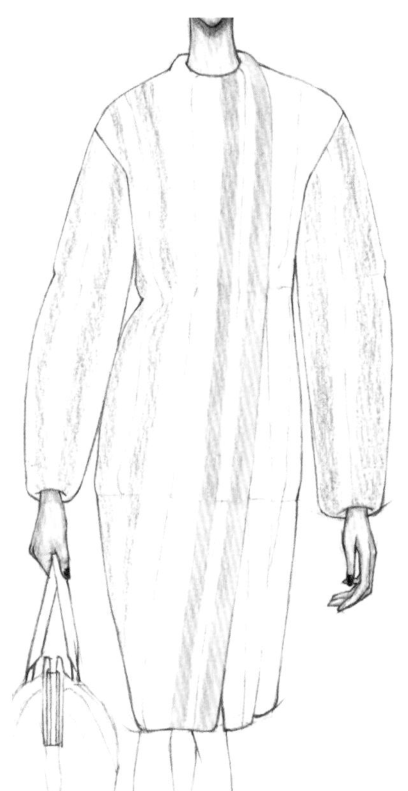

Step17　用相同的方法，将同色的皮草颜色绘制出来。

Step18　用纸擦笔涂抹色粉。要注意因面料的起伏而产生的颜色深浅变化。

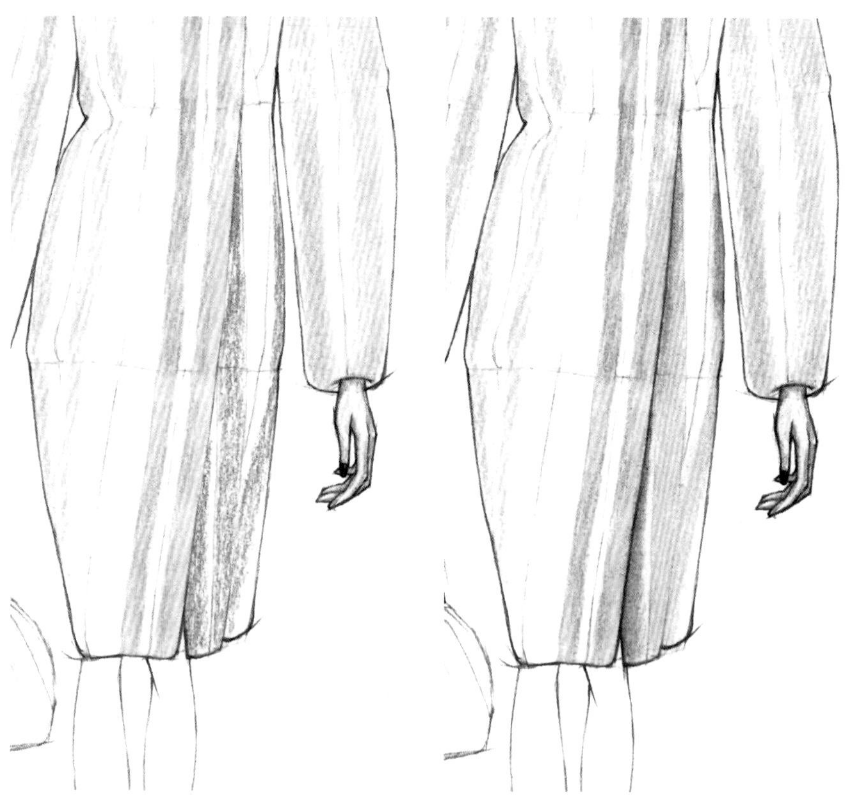

Step19 绘制侧面的皮草。如果一次铺色没有达到想要的效果，可以二次叠色，使色彩更加饱和。

Step20 加重门襟处的阴影。

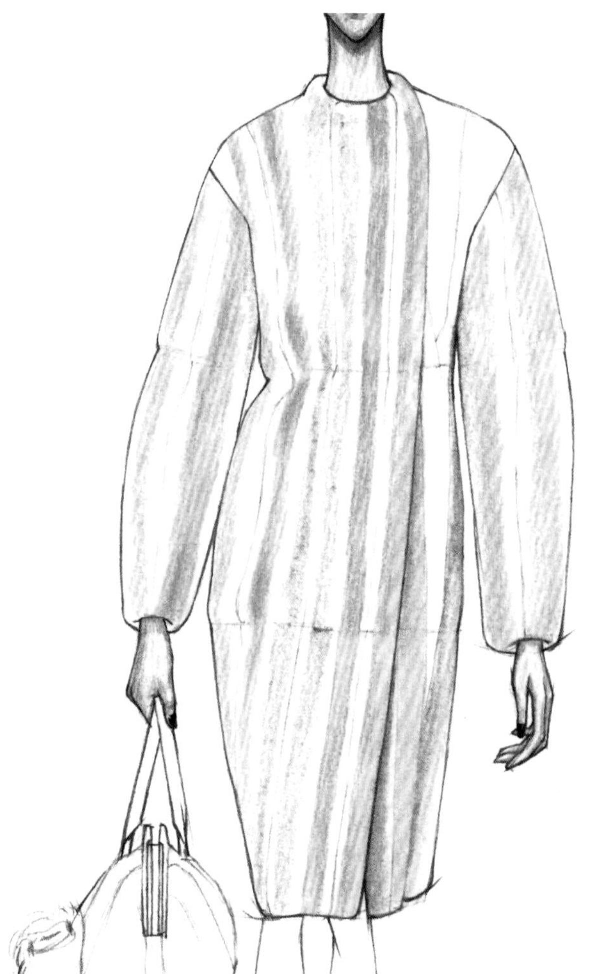

Step21 用色粉彩铅绘制另一种颜色的皮草。

Step22 用纸擦笔将色粉抹开，两种颜色的过渡要自然。

Step23　绘制第三种颜色的皮草。

Step24　注意色彩的分布。

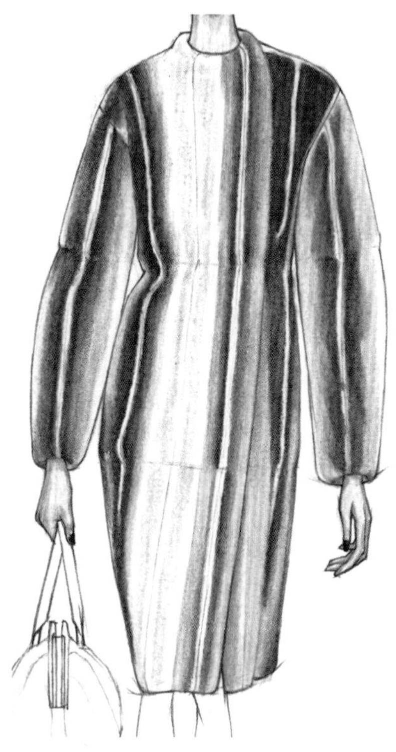

Step25　用纸擦笔过渡不同颜色的边缘，使其自然衔接。

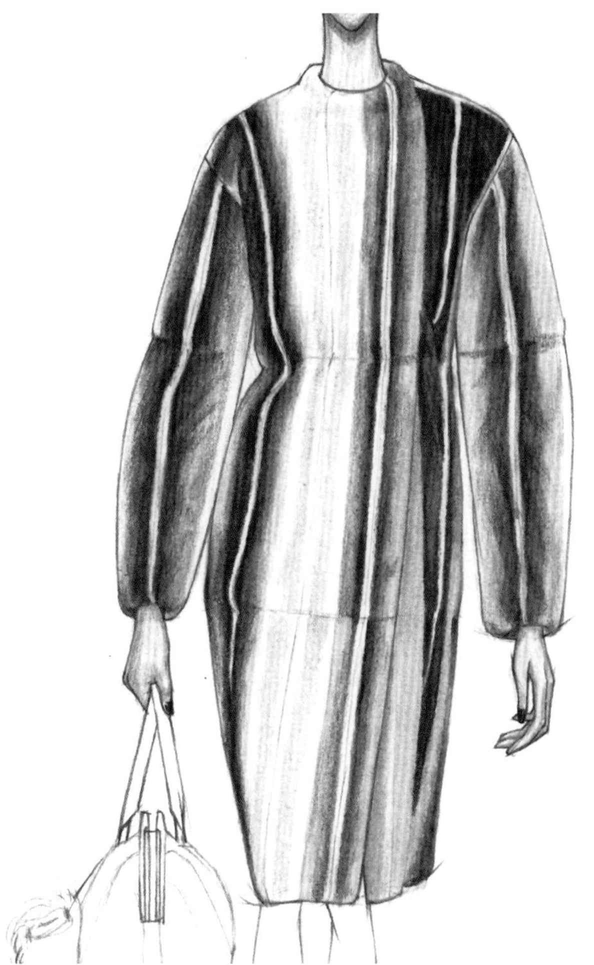

Step26　用色粉彩铅绘制出皮草的褶皱细节，并强调出皮草间的接缝。

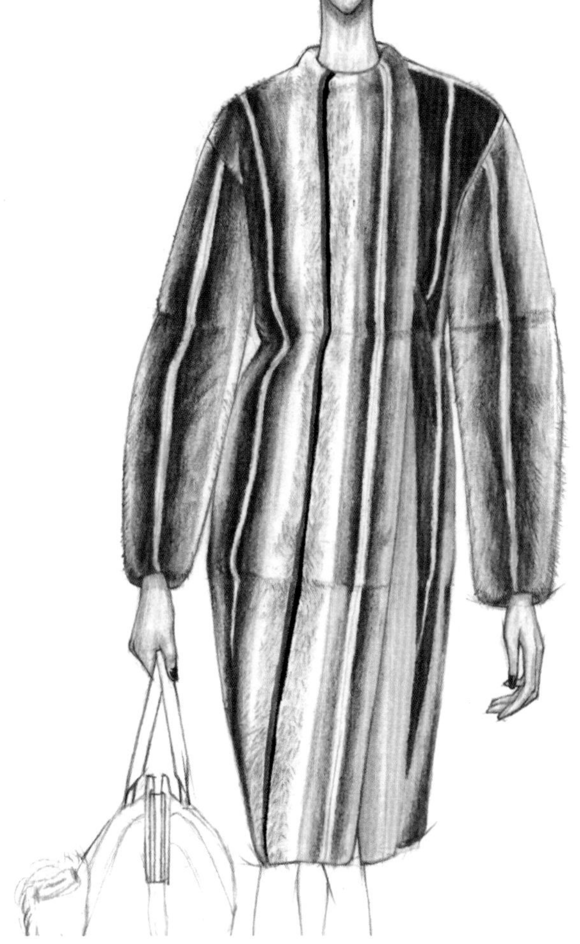

Step27　最后描绘饱和度最高的颜色，并用油性彩铅勾勒出皮草的轮廓，刻画毛丝的细节。

Step28　绘制手袋。先用油性彩铅绘制质地硬朗的皮质包袋和扣合处。

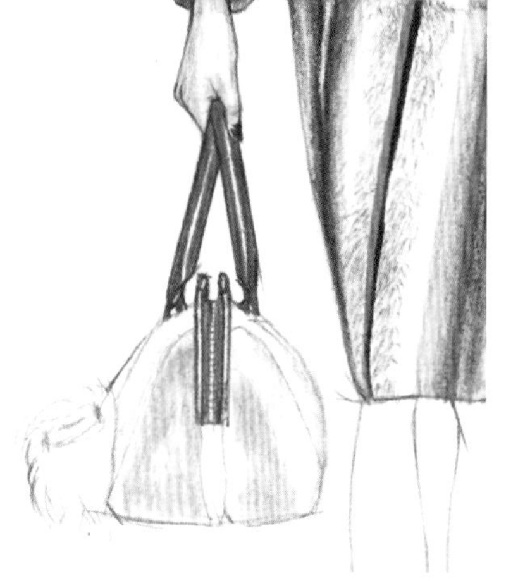

Step29　用色粉彩铅结合纸擦笔铺出手袋的底色。

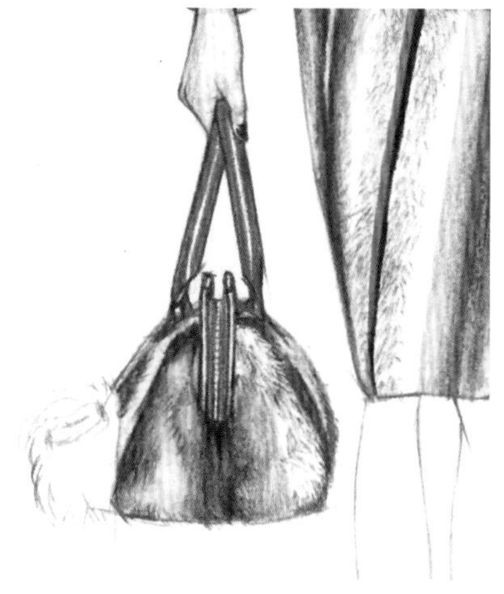

Step30　刻画手袋的肌理，手袋材质与衣服相同，可参考描绘衣服的方法来绘制手袋。

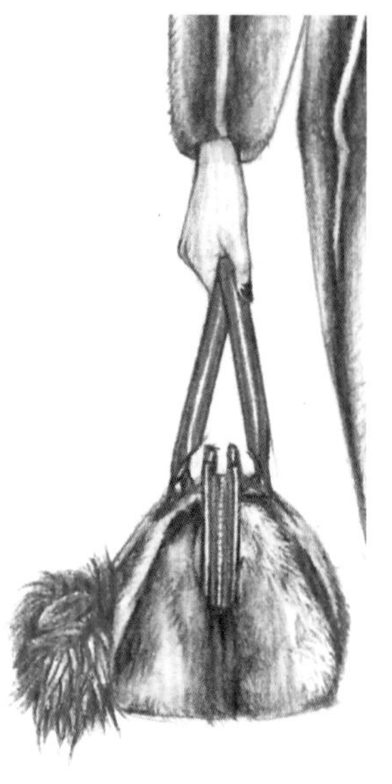

Step31　手袋挂饰有针状的毛锋，用色粉彩铅打底后，可使用油性彩铅描绘针状效果，注意高光处留白。

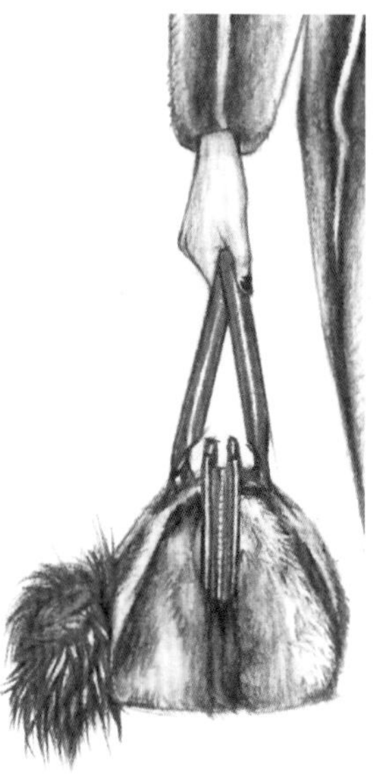

Step32　加深挂饰的暗部，增加层次感。

Step33　绘制袜子的底色。

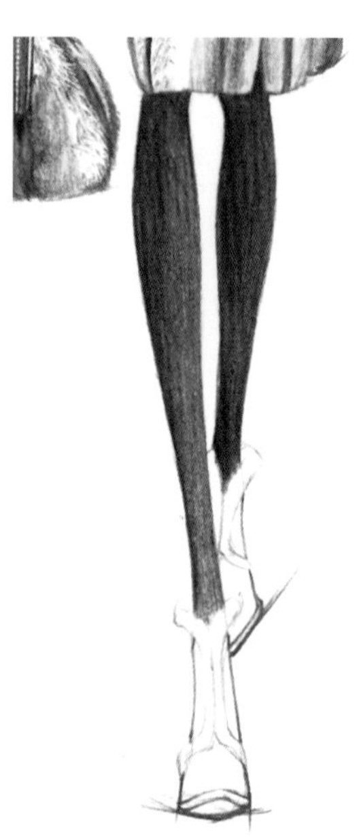

Step34　加重袜子的暗部色彩和衣摆在袜子上的投影，塑造出立体感。

Step35　绘制鞋子上的皮草。

Step36　绘制鞋子的底色。

Step37　加重鞋子的暗部色彩，留出高光与反光部分。

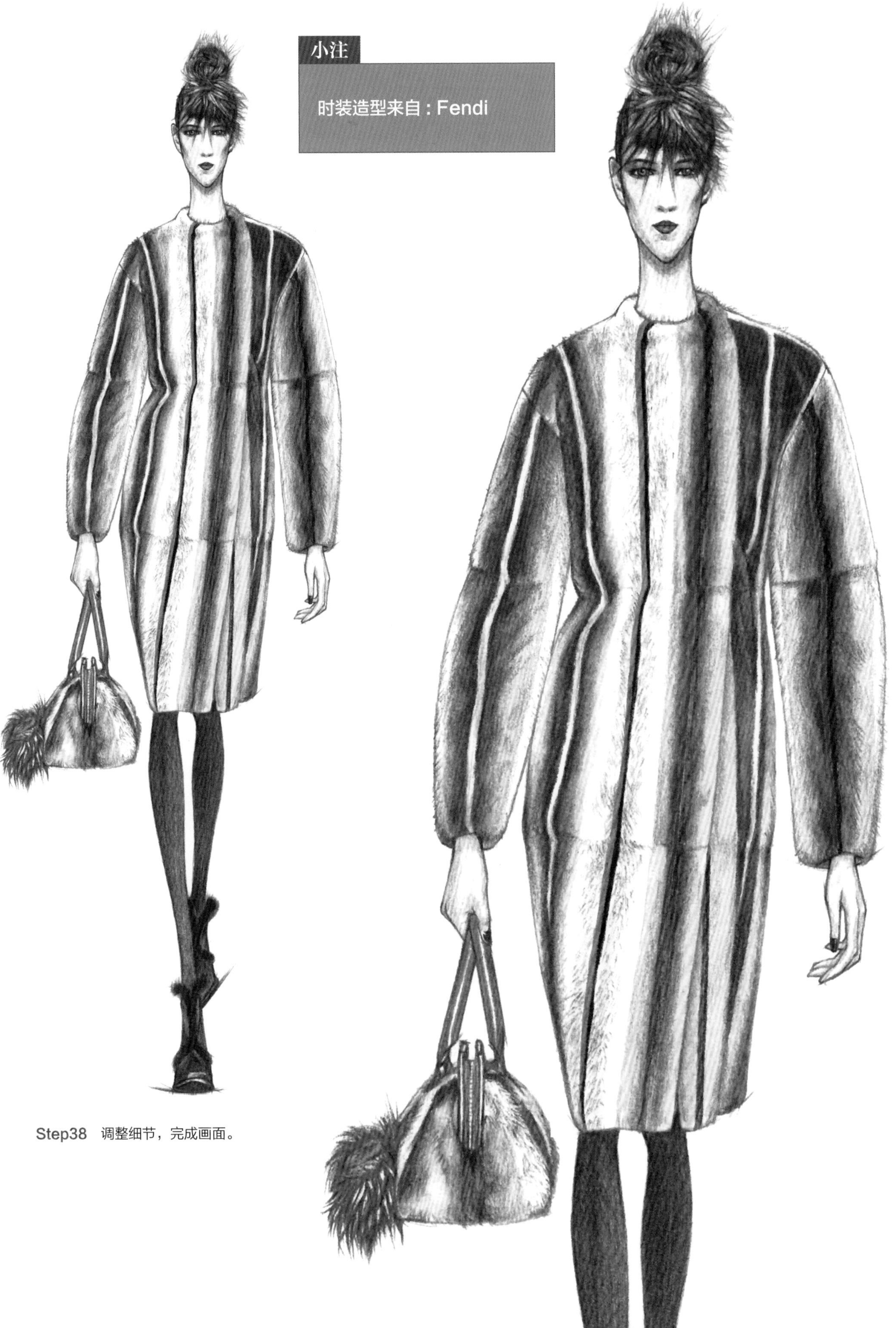

小注

时装造型来自：Fendi

Step38 调整细节，完成画面。

3.5 不同性质彩铅的综合应用

不同的绘画工具有着不同的特点，将多种绘画工具综合应用，会形成丰富的层次表现和多样的艺术效果。时装画的表现中，并不是使用的工具种类越多就越好，而是要根据想要获得的效果，选择最合适的工具，如半透明薄纱适合用水彩表现，而厚重的裘皮适合用水粉或色粉彩铅来表现。

此外，彩铅的表现效果虽然细腻、柔和，但是绘制速度较慢。因此要综合使用多种工具，这样可以使时装画的表现更加便利、快捷。适合快速表现的工具，如马克笔和色粉彩铅，可用来快速绘制底色，普通彩铅或油性彩铅可用来修饰细节。而在使用单一工具表现时，需要留白的高光或图案部分则可以使用具有覆盖性的不透明工具，如水粉、油漆笔或色粉彩铅等，在底色上直接勾画。本小节案例所使用的工具包括马克笔、色粉彩铅、油性彩铅、纸擦笔、漆笔等。

Step01 起草模特的基本动态。

Step02 描绘大致的服装款式和人物造型。

Step03 擦除不必要的辅助线，用简洁的线条勾勒出明确的服装轮廓。

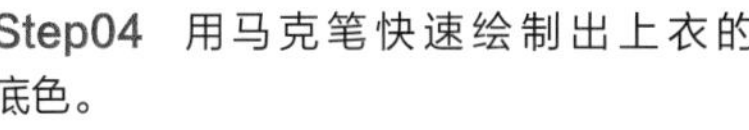

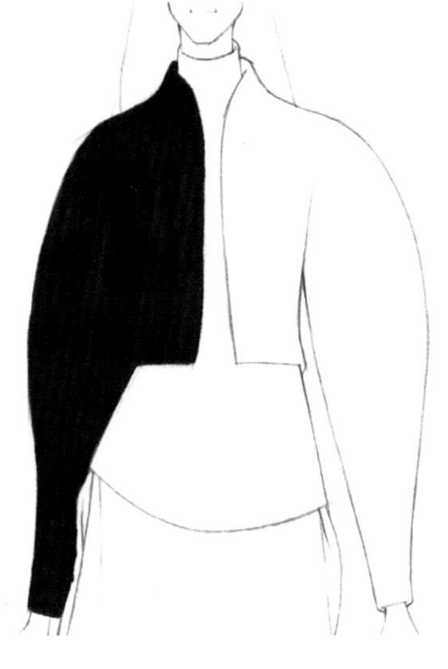

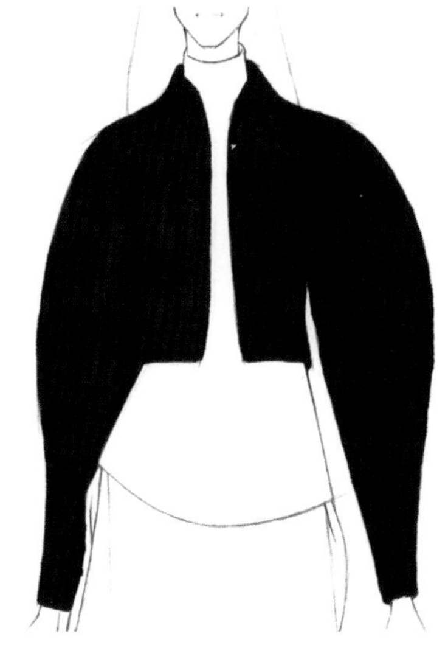

Step04　用马克笔快速绘制出上衣的底色。

Step05　绘制完上衣的底色后，适当表现出明暗关系，以展现立体感。

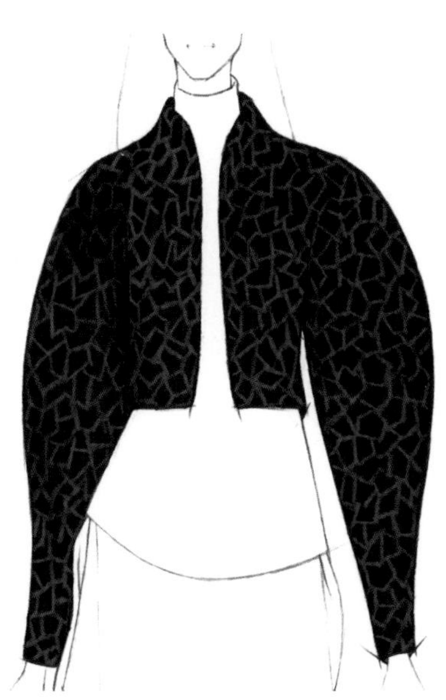

Step06　等上衣的底色干透后，再用色粉彩铅绘制印花图案（还可选择水粉颜料、漆笔等覆盖性强的工具）。

Step07　继续绘制印花图案，图案会受到褶皱和服装体积的影响，在绘制时要注意用笔的力度。

Step08　绘制完成上衣的印花图案。上衣的立体效果是通过图案的深浅变化展现出来的。

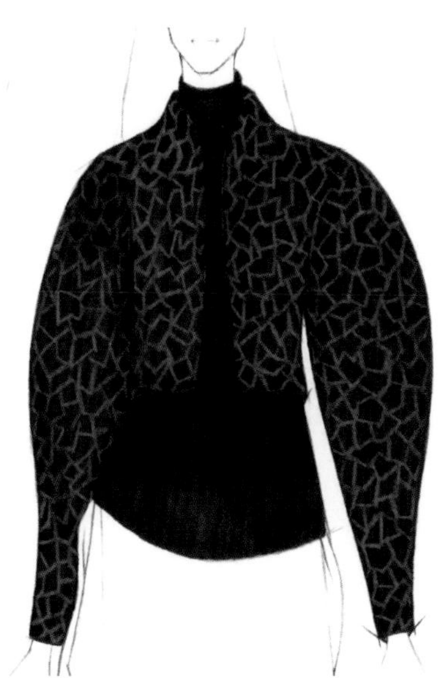

Step09　用马克笔快速绘制出内搭衣服的颜色。

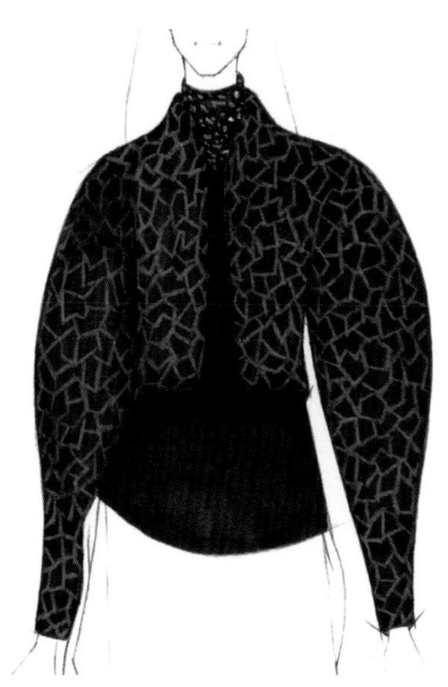

Step10　底色干透后用较尖锐的色粉彩铅点缀印花。

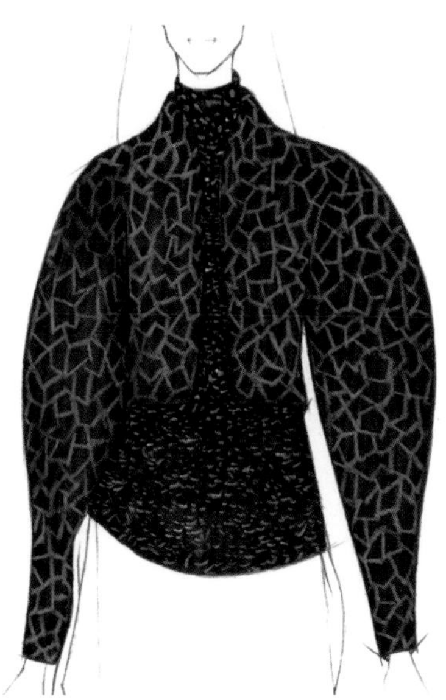

Step11　绘制完成内搭服装的印花图案。

Step12　用马克笔平涂裙子底色。

Step13　用油性彩铅绘制裙子的后片，表现出裙子的层次感。

Step14　用油性彩铅绘制裙子的图案。

Step15　注意图案的穿插关系，展现出韵律感。裙子的结构会对图案的形状产生一定的影响。

Step16　绘制手包侧面小面积的强调色。

Step17　用油性彩铅绘制手包的底色。

Step18　蛇皮类的肌理图案（菱形图案）可在底色上直接用油性彩铅描绘。

Step19　用色粉铺出皮鞋亮面的颜色。

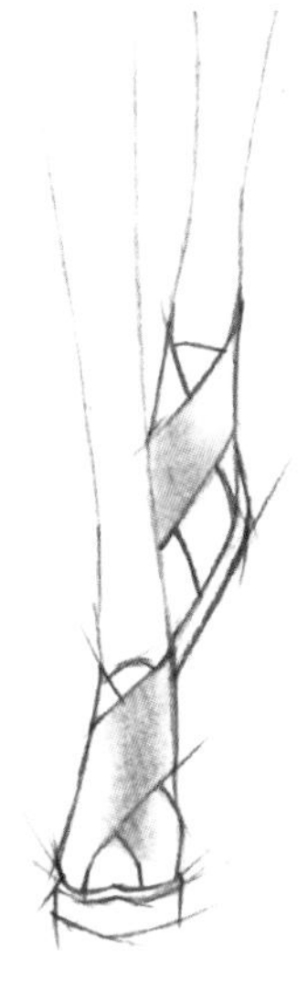

Step20　用纸擦笔推开色粉粉末，形成柔和的过渡。

Step21　用油性彩铅描绘皮质的深色部分。

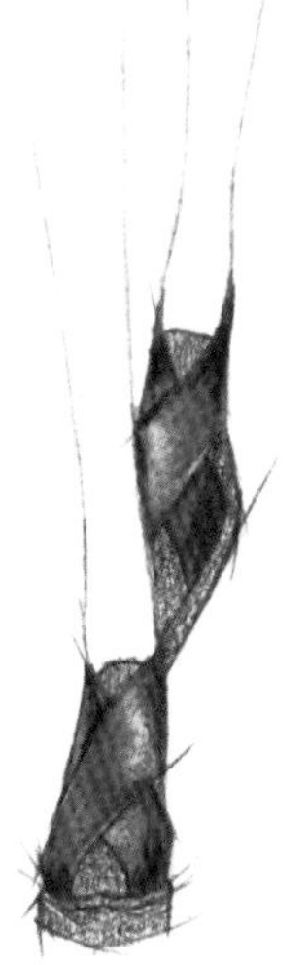

Step22　用色粉彩铅提亮鞋身整体的亮色。

Step23　勾勒边缘和交接线，塑造鞋身的立体感。

Step24　平铺脸部皮肤的亮色。

Step25　绘制脸部的阴影，表现出立体感。

Step26　描绘妆容，眼妆与口红都要选择比较雅致的颜色。

Step27　用油性彩铅绘制头发亮部的颜色，留出发丝的高光部分。

Step28　逐步加深头发的颜色，丰富头发的层次。

Step29　绘制头发的阴影，表现出头部的立体感。根据发丝的走向勾勒出发丝的细节。

Step30　平铺手部及腿部皮肤的亮色。

Step31　绘制皮肤的阴影，塑造出皮肤的立体感，尤其要表现出膝关节的转折。

小注

时装造型来自：

Proenza Schouler

Step32　调整细节，完成画面。

3.6　不同性质彩铅表现范例

使用工具：绘图彩铅

时装造型来自：Jil Sander

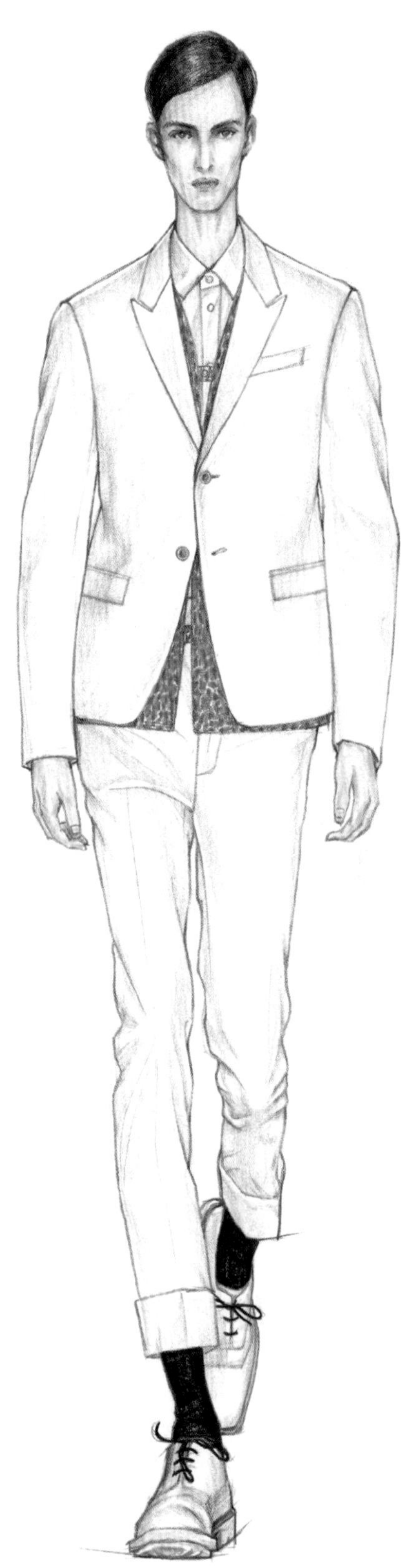

使用工具：绘图彩铅

时装造型来自：Alexander Wang

使用工具：油性彩铅

时装造型来自 : Lacoste

使用工具：油性彩铅

时装造型来自 : Kenzo

使用工具：色粉彩铅

时装造型来自：Jil Sander

使用工具：色粉彩铅

时装造型来自：Vionnet

使用工具：水溶性彩铅

时装造型来自 : Marc Jacobs

使用工具：综合材质

时装造型来自 : Stella McCarteny

使用工具：综合材质

时装造型来自：Alexander McQueen

Chapter 04

第四章

不同类型的时装表现

4.1 礼服的表现

从国际盛典好莱坞颁奖礼，到商业酒会，再到私人娱乐宴会，礼服始终是这些场合中必不可少的“浓墨重彩”。其高雅的风格、多变的廓形、奢华的面料和精湛的工艺，使得很多设计师对礼服的设计情有独钟。在很多T台发布会上，礼服常作为“压轴戏”登场，非常夺人眼球。在时装画中，礼服复杂的款式、烦琐的装饰细节和面料质感，都是表现的难点。在绘制时，应尽量从廓形等大方向入手，使画面统一而和谐。

4.1.1 晚礼服的表现

晚礼服用于傍晚6点后的正式场合或宴会，多为拖地样式的长裙。为了显得隆重，晚礼服大都为独立的造型，如用裙撑支撑裙摆。在表现晚礼服时，应先确定礼服与人体的空间关系，再确定礼服的款式结构。褶皱和细节等装饰的刻画则要有详有略，不能喧宾夺主，要体现出画面的层次感。

Step01 起草模特的基本动态。

Step02 绘制出礼服的大致轮廓，裙摆的设计是本套礼服的特色。

Step03 擦除不必要的辅助线，用干净整洁的线条表现出完整的服装造型。

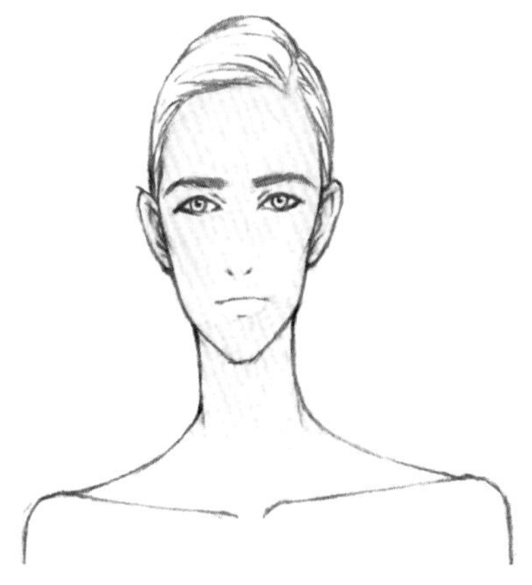

Step04　平铺皮肤底色。

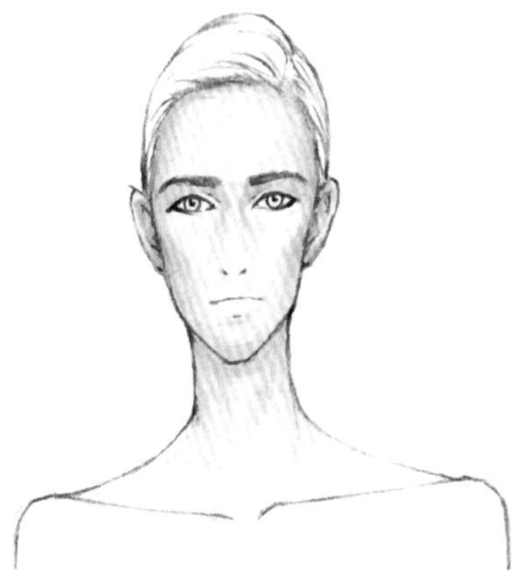

Step05　绘制出脸部的阴影，塑造脸部立体感。

Step06　绘制妆容。眼妆的色彩比较浓郁，是面部的视觉中心。唇妆采用较为自然的颜色。

Step07　头发的描绘从亮面开始绘制，高光部分留白。

Step08　绘制头发的灰部颜色，表现出头部的立体感。

Step09　绘制头发的暗部颜色，勾勒出发丝的走向。

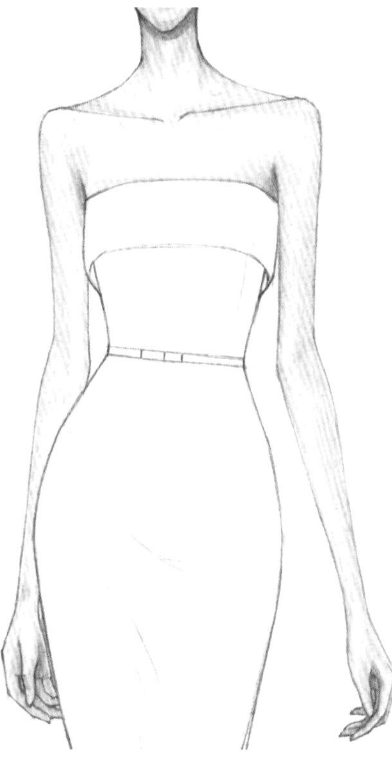

Step10　平铺皮肤的底色。

Step11　绘制皮肤的阴影，表现出立体感，注意身体和手臂的前后关系。

Step13　仔细描绘礼服上的珠片，珠片的高光和反光部分要留白。

Step14　由上至下，根据Step12描绘的轮廓，逐渐刻画珠片。

Step12　大致勾画出礼服上镶钉图案的区域范围。

Step15　根据人体和裙摆的起伏绘制图案的走势和深浅变化，珠片的明暗会随着人体结构和裙摆起伏而变化，这样才能表现出立体感。

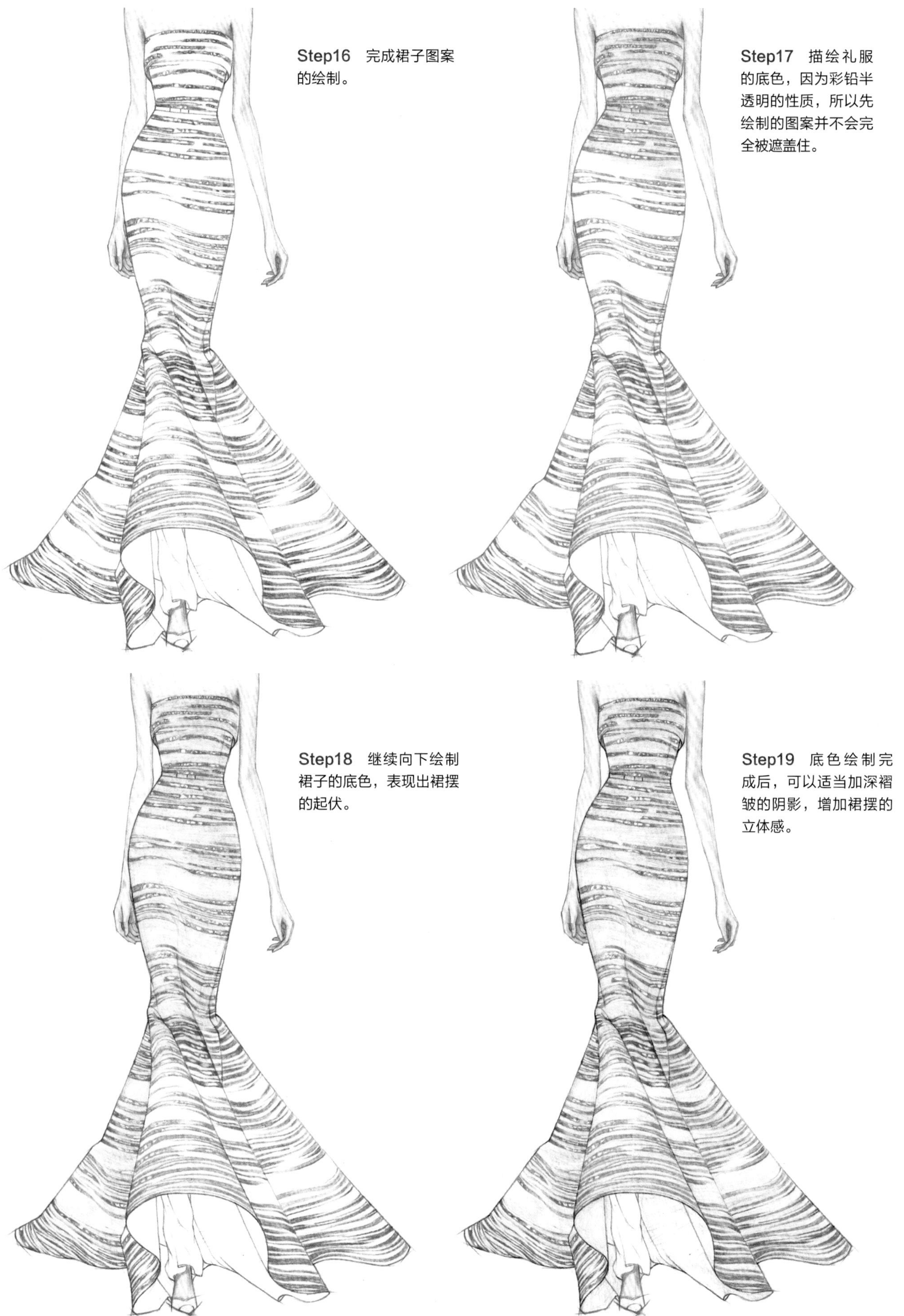

Step16　完成裙子图案的绘制。

Step17　描绘礼服的底色，因为彩铅半透明的性质，所以先绘制的图案并不会完全被遮盖住。

Step18　继续向下绘制裙子的底色，表现出裙摆的起伏。

Step19　底色绘制完成后，可以适当加深褶皱的阴影，增加裙摆的立体感。

Step20 丰富色彩层次，可用另外一种颜色叠色，形成复合性的色彩效果。

Step21 礼服材质有一定的透明度，贴近皮肤的地方要增加皮肤颜色。

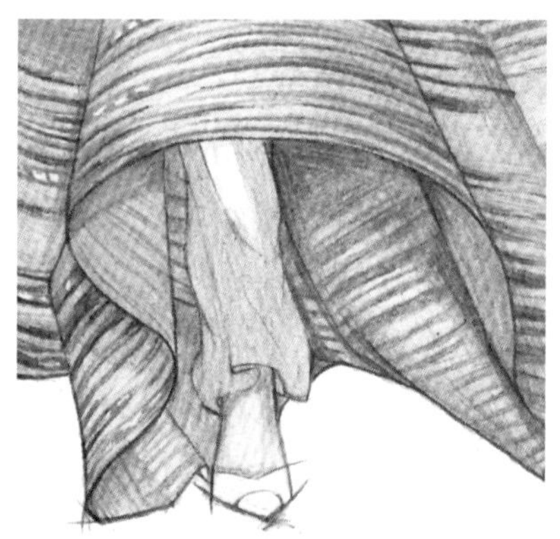

Step22 绘制衬裙的颜色。注意褶皱和透明度的表现。

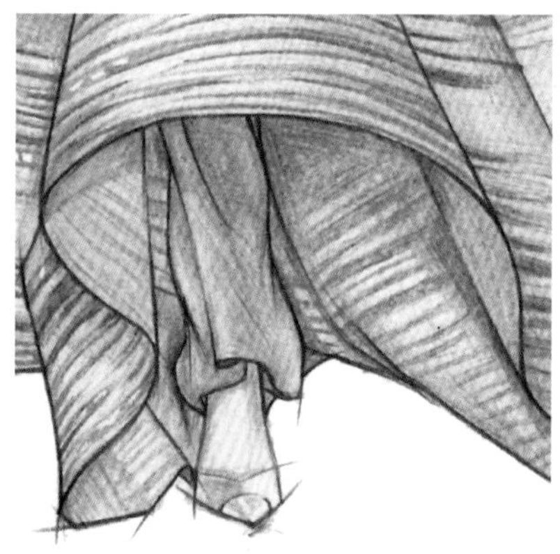

Step23 绘制衬裙的阴影并透出肌肤的颜色。从亮面开始描绘鞋子。

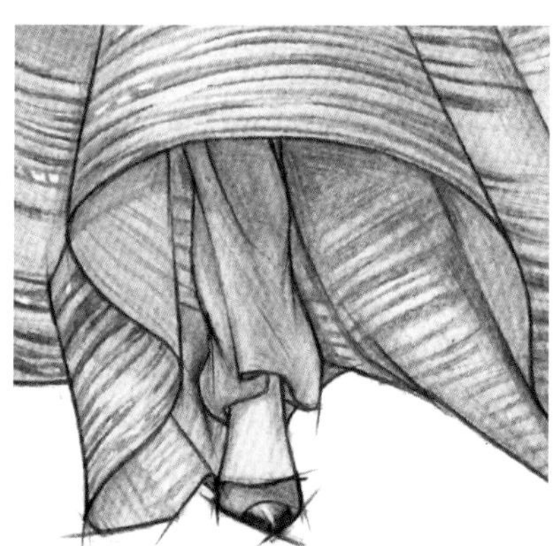

Step24 鞋子的材质光泽度较高，通过高光和浓重的暗面表现出来。

Step25 调整细节，完成画面。

小注

时装造型来自：Elie Saab

4.1.2 鸡尾酒会礼服的表现

相较于晚礼服，鸡尾酒会礼服的应用范围更加广泛，不论是白天的午宴礼服，还是夜间的宴会礼服，都涵盖其中，因此款式也更加活泼多变。鸡尾酒会礼服很少有拖地的长裙摆，在色彩与面料的选择上，款式结构上，甚至是服饰配件上，与追求高雅的晚礼服相比，更显得前卫、时髦，独具设计感。尤其是一些款式较为简单的鸡尾酒会礼服，其面料质地和图案设计独具特色。在表现这类服装时，色彩搭配和对面料质感及肌理的刻画是重点。

Step01 绘制模特的基本动态。

Step02 绘制出鸡尾酒会礼服大致的款式造型。

Step03 擦除不必要的辅助线，完成线稿的绘制。裙摆拼接处的透明材质可以用橡皮进一步弱化线条。

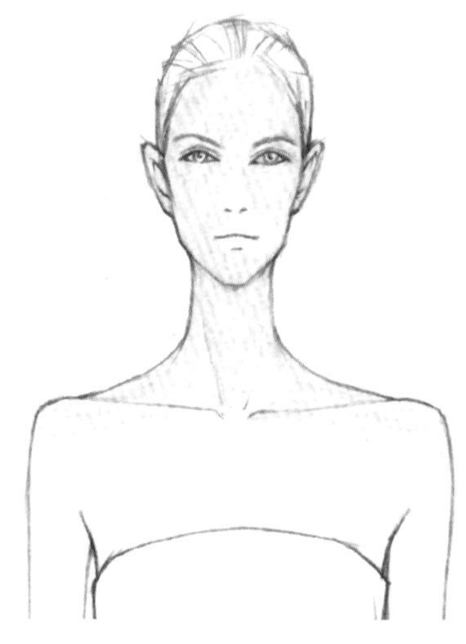

Step04　平铺头颈部肌肤的颜色。

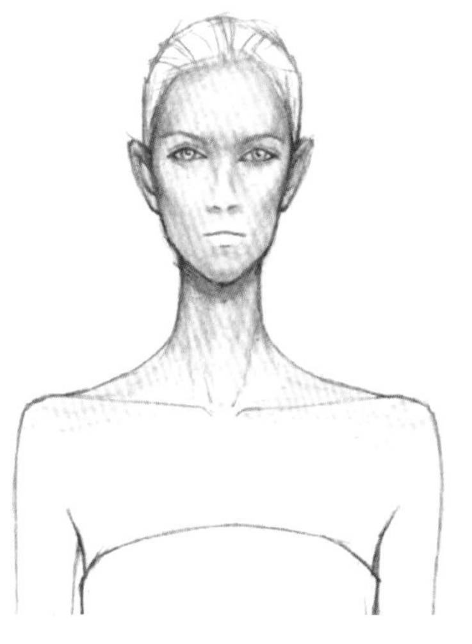

Step05　绘制头部阴影，表现出立体感。

Step06　描绘妆容，强调眼妆，但要控制叠色的次数，避免过于浓重。

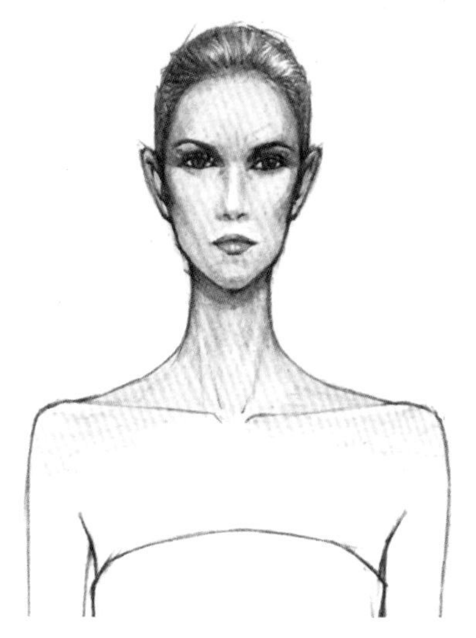

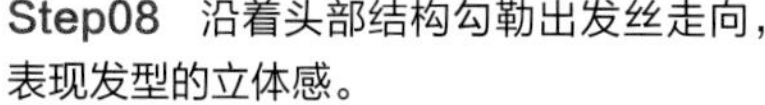

Step07　绘制头发。先绘制底色，高光处要留白。

Step08　沿着头部结构勾勒出发丝走向，表现发型的立体感。

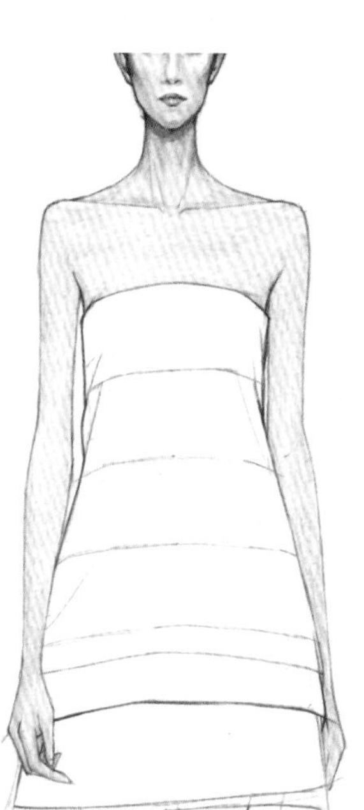

Step09　绘制前胸和手臂皮肤的底色。

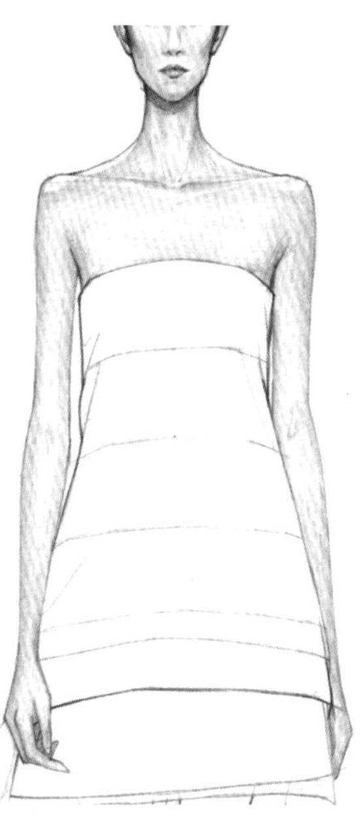

Step10　皮肤裸露较多，注意立体感的塑造，可强调锁骨，展现出性感的一面。

Step11　绘制腿部皮肤的底色。

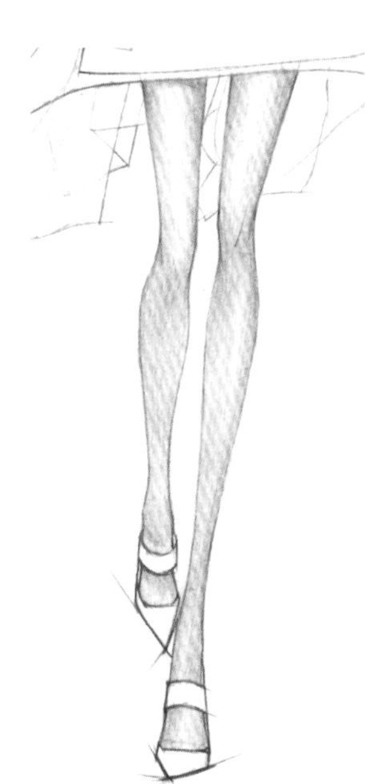

Step12　叠加暗部的色彩，表现出立体感。

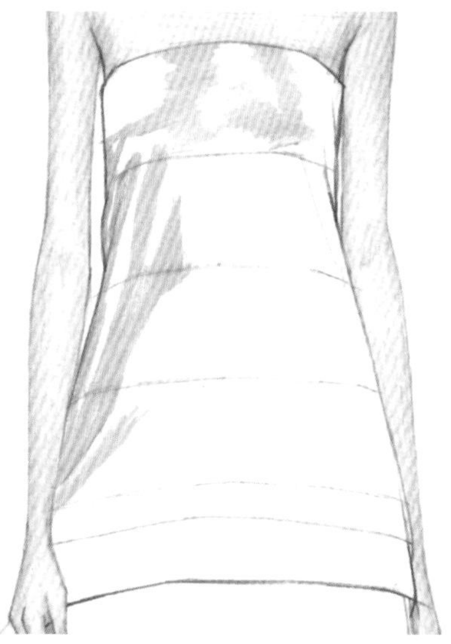

Step13 礼服裙层次较多，要先描绘反光部分的颜色。

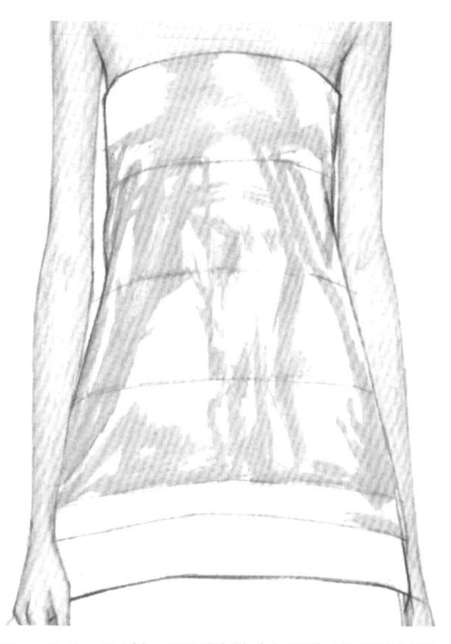

Step14 最外层面料的材质为电子反光材料，所以要描绘高光颜色。

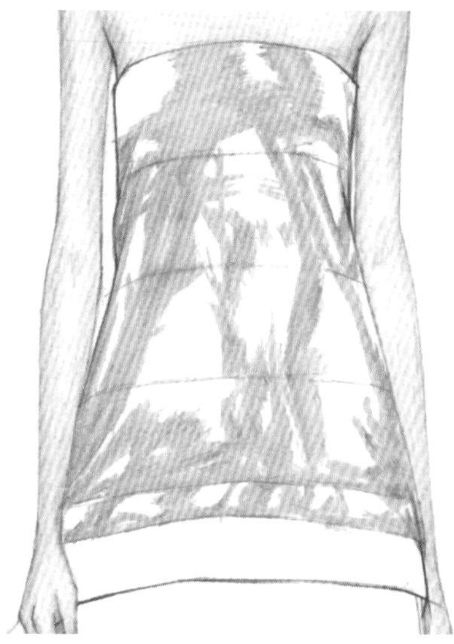

Step15 绘制电子反光材料。由于褶皱的起伏而产生了颜色变化。

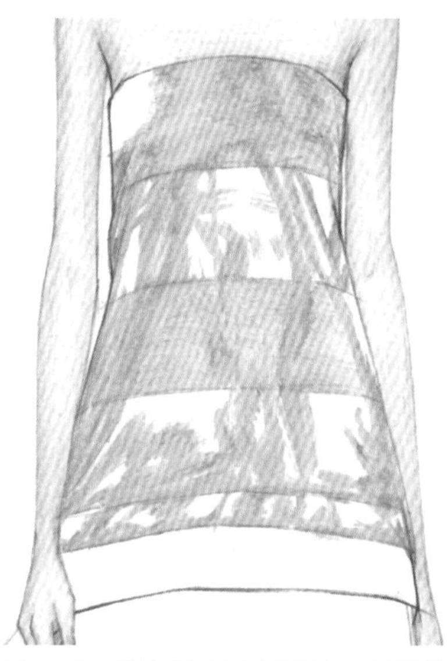

Step16 描绘礼服底层的颜色，同样从亮部开始。

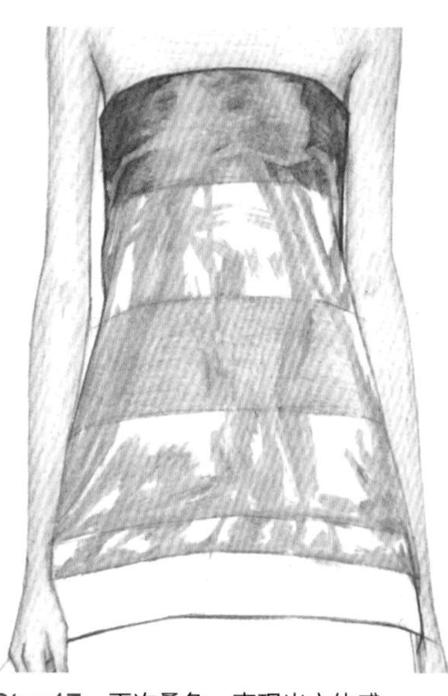

Step17 再次叠色，表现出立体感。

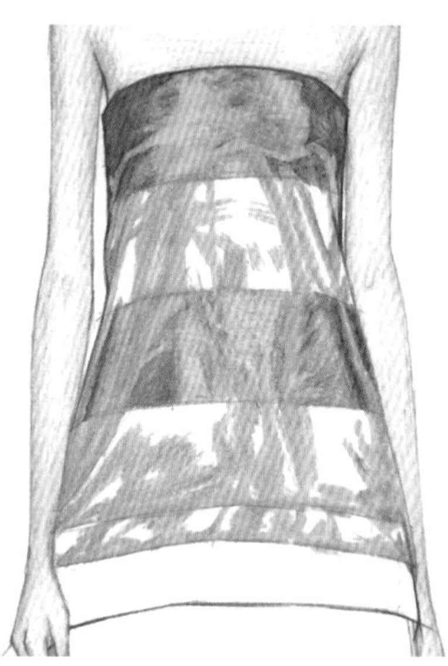

Step18 在绘制的过程中，表现出褶皱的变化。

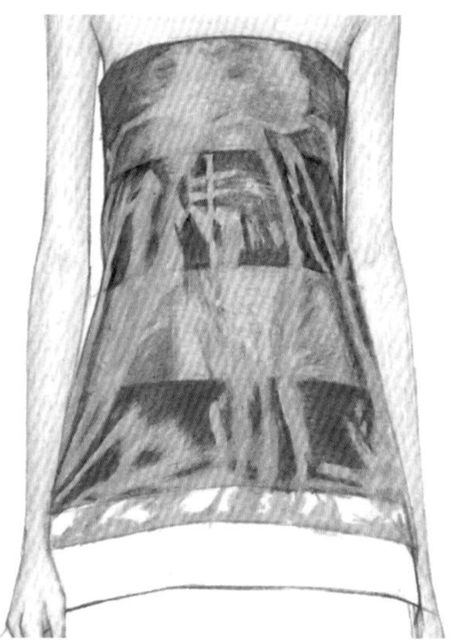

Step19 绘制礼服底层的第二种颜色。

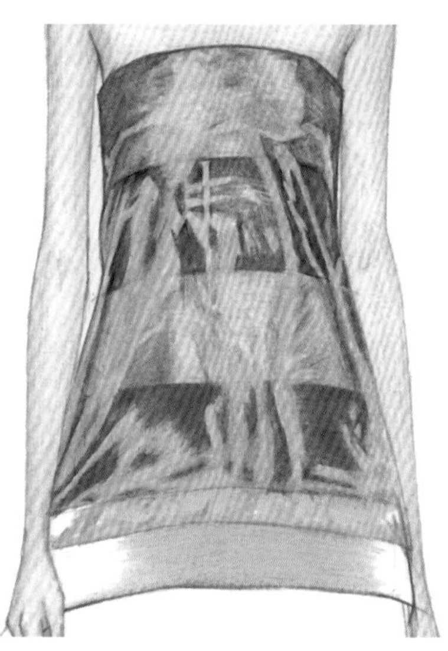

Step20 下摆为缎面材料，仍然要先绘制亮色。

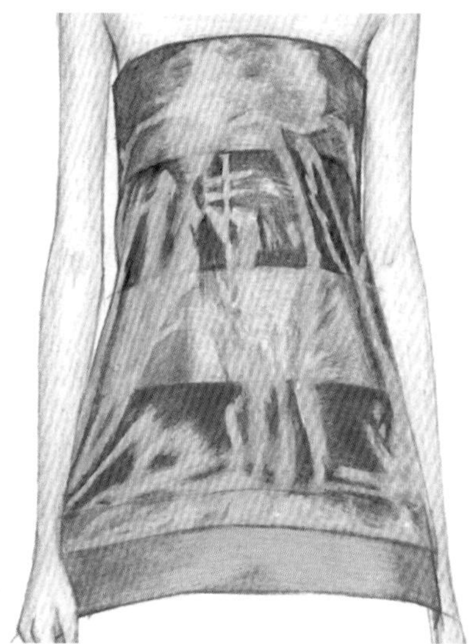

Step21 缎面材料的明暗过渡明显，用较深的颜色绘制暗面。

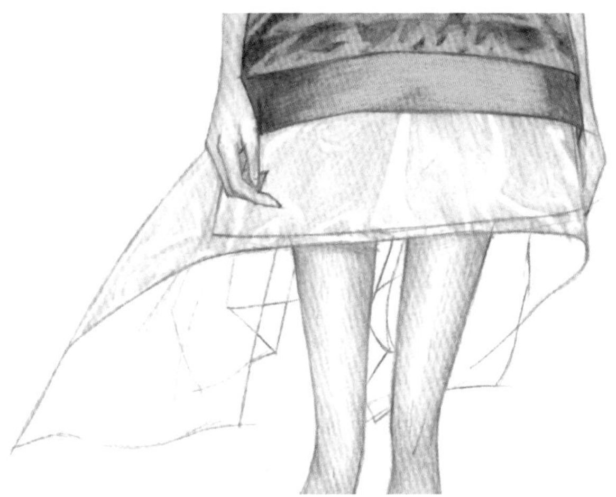

Step22 绘制下摆透明材料，要适当控制用笔力度，边缘留出清晰的高光区域。

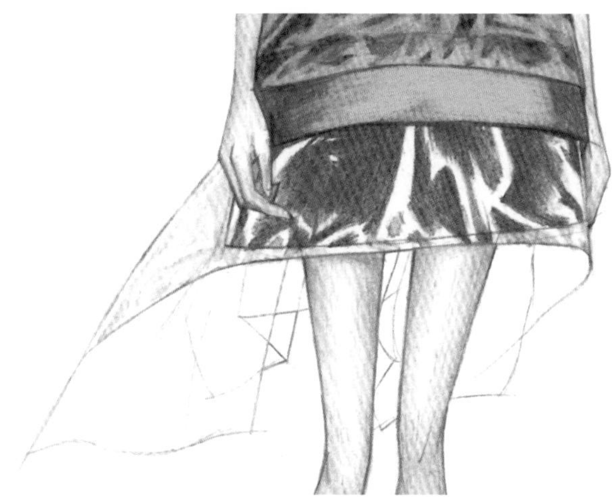

Step23 绘制底层裙片的颜色，边缘留出反光。强烈的明暗对比能突显材料的光泽感。

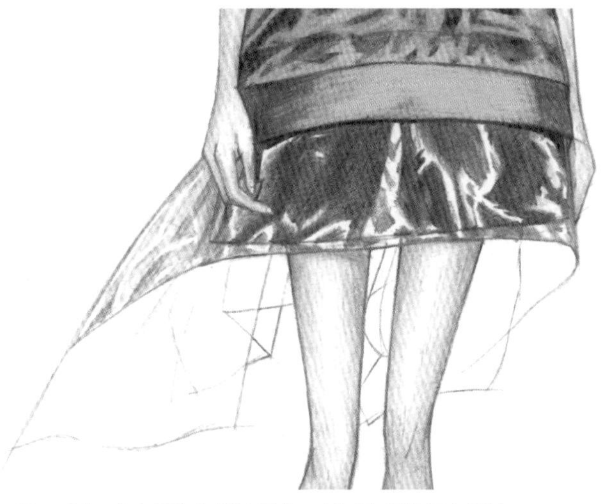

Step24 丰富层次和褶皱形态，刻画亮部的细小褶皱。

Step25 绘制下层和底层的褶皱，通过对层叠效果的描绘，表现出透明材质的通透感。

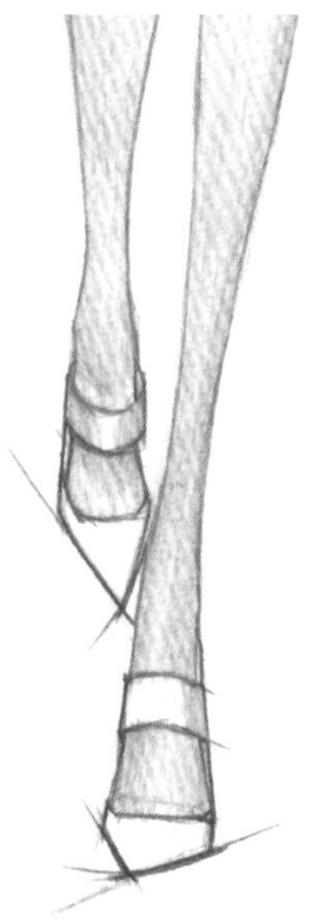

Step26 绘制鞋襻的底色。

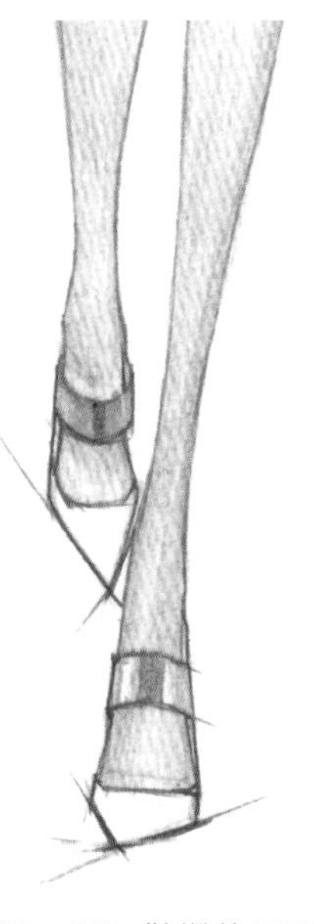

Step27 鞋襻使用了金属材料，受到环境色的影响呈现出不同颜色。

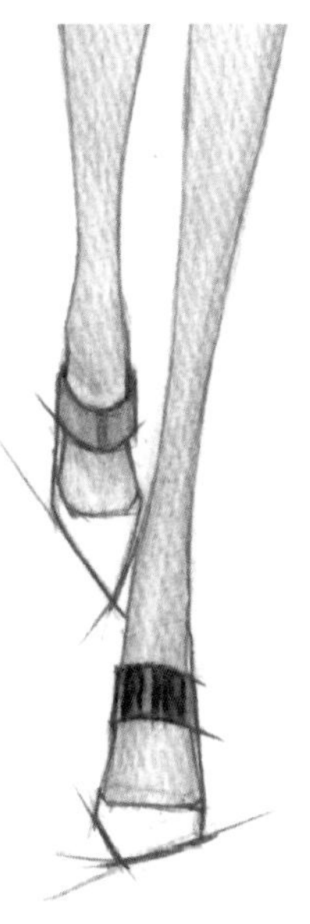

Step28 金属材料具有强烈的光泽感，要表现出高光和反光的形状明显这一特征。

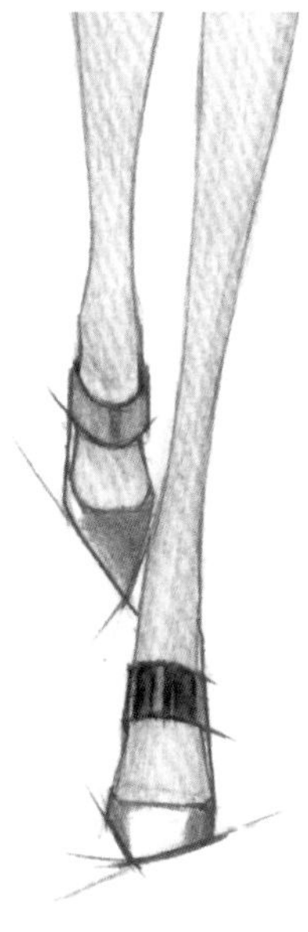

Step29 绘制鞋面的深色，表现出鞋面的转折结构。

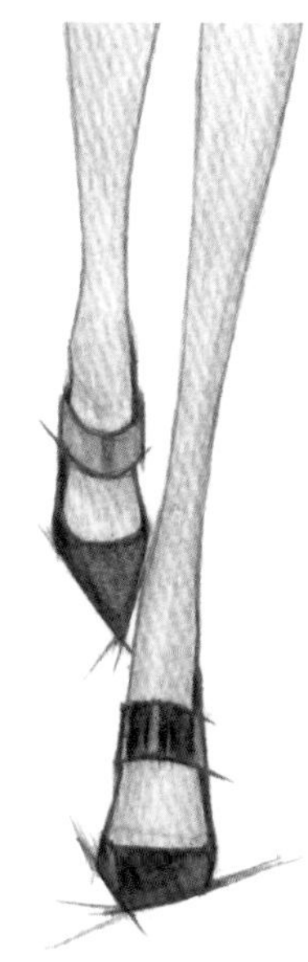

Step30 绘制鞋面的深色，明确鞋子的边缘。

Step31 调整细节，完成画面。

小注

时装造型来自：

Christian Dior

4.1.3 复古风格礼服的表现

从古希腊到古波斯再到拜占庭，从文艺复兴到巴洛克再到克里诺林，历史上不同时期的宫廷礼服都反映了当时服饰美的巅峰，那些精美绝伦的礼服在今天也令无数人赞叹，更为设计师提供了源源不断的灵感。复古风格的礼服并不是古典宫廷礼服的复原，而是借鉴了古典宫廷礼服的元素，又结合了当下的流行趋势和审美特点，使过去的经典服饰能满足当前社会的需求，让原本掩埋在历史中的服装样式得以新生，这既是文化的传承，又是全新的创造。

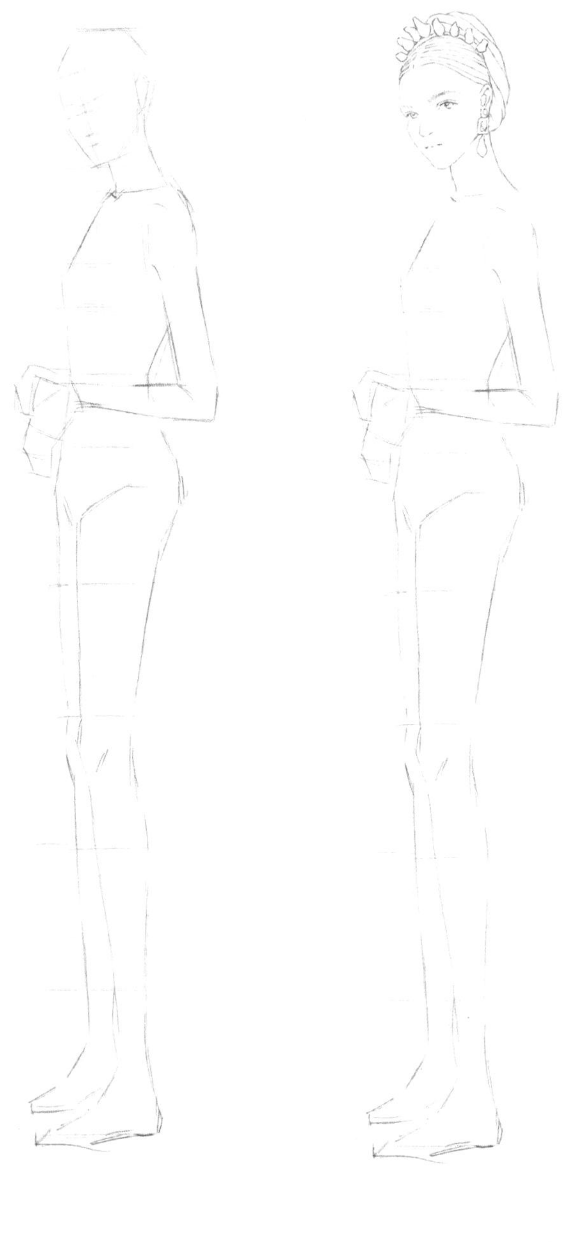

Step01 起草绘制人体动态，先用长直线概括出大的体块，注意身体因为侧转而产生的透视关系。

Step02 明确五官和发型等细节。

Step03 勾勒出服装和配饰的轮廓，服装的透视要和人体透视保持一致，表现出侧转的状态。起稿完成后，用橡皮擦除不需要的参考线，保持线稿整洁。

Step04 从亮部开始绘制礼服的底色。高光处留白，反光处适当着色。

Step05 从亮部开始逐渐向暗部过渡，使用稍深的同色系颜色衔接暗部和反光部，要注意颜色过渡均匀。

Step06 逐渐铺开颜色，随着笔触密度不断增加，颜色也逐渐加深。褶皱的立体感也要随之表现出来。

Step07 继续铺设裙摆的颜色，通过颜色的叠加来表现裙身整体的立体感。笔触向裙摆的流苏过渡，对流苏进行大致的分组。

Step08 完成礼服底色的铺设，要表现出裙摆整体的体积感。从亮部开始叠加光源色和环境色，丰富色彩变化。

Step09 叠加更多的色彩层次，笔触线条保持细腻柔和，反复叠色直到效果满意为止。

Step10　用笔尖向同一方向绘制线条来表现流苏，用笔要肯定，线条间保留间隙以便后期添加其他颜色。

Step11　添加流苏的主色，随着流苏的走向用笔，线条角度要稍有不同，在规律中寻求变化。

Step12　进一步刻画细节，表现出流苏的上下层次，丰富色彩变化。

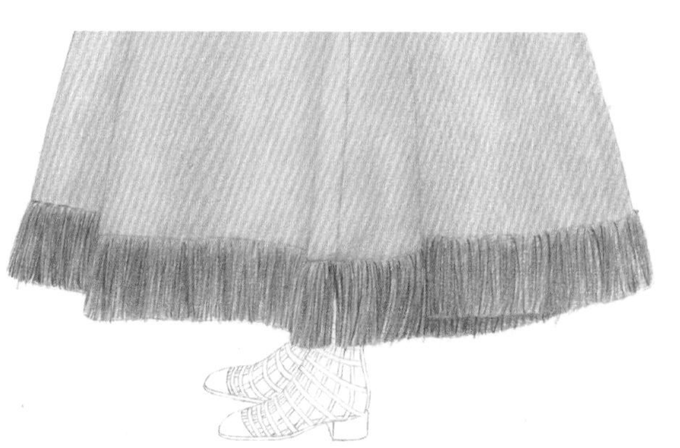

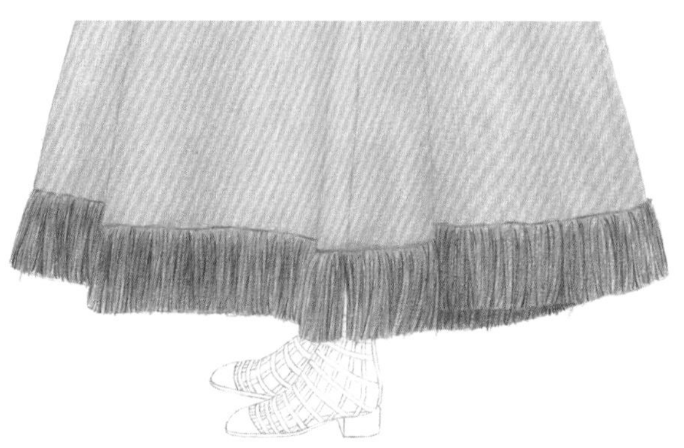

Step13　用同样的方法绘制整个裙摆的流苏，用肯定的笔触勾勒出流苏的主要走向。

Step14　不断叠加流苏的主色和暗部色彩，注意笔触的疏密和节奏，尽管笔触纤细而繁复，但整条流苏要有大致的分组，体现较为清晰的层次感。

Step15　根据裙摆褶皱的起伏添加阴影，表现出立体感。背面的部分尤其要加重，拉开前后空间。

Step16　绘制鞋子，从暗部开始绘制，要预留出高光部分。

Step17　从暗部向亮部过渡，留出较为明确的高光形状来表现鞋子的光泽感，鞋头和鞋跟部分的体积感较强，要拉开明暗对比度。

Step18　绘制肤色，可以先淡淡地平铺底色，再通过叠色大致区分出亮部和暗部。

Step19　进一步加重眉弓、鼻梁、颧骨、下颌等处的暗部和阴影，脖子和手臂也要表现出圆柱体般的体积感。

Step20　绘制五官细节，用黑色勾勒上眼眶，仔细描绘出睫毛，尤其要注意3/4侧面睫毛卷翘的角度。用褐色绘制眉毛，将笔尖削尖，勾勒出上眼睑。

Step21　完善眼睛，绘制眼珠，勾勒下眼睑。添加唇色，通过强调唇中缝来表现嘴唇的结构，下唇略微凸起，留出高光部分。

Step22　绘制头发底色，头顶发辫包裹头部呈现球体般的体积感，发髻根据层叠关系进行分组。

Step23 交错绘制出发辫的编织细节，发根和头顶皮肤要适当进行过渡。

Step24 绘制脑后盘起的发辫，顶层的发辫刻画得细致一些，下层的发辫表现得概括一些，要表现出虚实对比。

Step25 绘制头部珠宝。宝石因为切面的缘故色彩有较多变化，先用饱和度较高的浅色绘制宝石的亮面。

Step26 绘制珠宝的暗部，留出高光部分，适当强调明暗交界线，表现出宝石的切面和光泽度。

Step27 绘制手上的饰品，通过强烈的明暗对比来表现金属的质感。

Step28 绘制绗缝图案。图案较为复杂，从重点部位（图案最为清晰的部分，一般位于服装整体的亮部或亮灰部）开始绘制，然后逐渐向四周扩展。

Step29 继续绘制上身的图案。图案附着在服装上，也应该表现出被包裹着的身体的立体感——亮部的图案颜色浅，暗部的图案颜色深，高光部分的图案也可以适当留白。

Step30 绘制裙摆上的图案。裙摆的体积感更为明显，因此更要注意图案跟随褶皱起伏产生的明暗变化。

Step31 继续绘制裙摆的图案。褶皱高光处、裙摆受光部分的图案颜色浅，褶皱暗部图案颜色深，但是反光部分的图案可以表现得概略一些。

Step32 图案要和裙摆的褶皱起伏保持一致，凸起的褶皱最容易受光，图案颜色也较浅，高光处可以适当留白。

Step33 绘制裙摆两侧的图案。裙摆正面的图案绘制精细，两侧的图案简略绘制即可。尤其是图案的过渡部分，要减轻用笔力度，使笔触自然过渡直至消失。

Step34　绗缝面料的表面凹凸起伏，须统一光影的方向，为图案添加暗部，表现出图案的立体感。用浅金色绘制鞋子的亮部，并在脚部皮肤上添加鞋带的投影。调整并完善画面细节，完成绘制。

小注

时装造型来自：

Christian Dior

4.2　职业装的表现

用于公务场合的职业装，一般以经典的常规款为主，在局部细节上添加流行元素，形成精致而低调的风格。在进行职业装设计时，需要考虑服装款式之间的搭配，使得一套服装能尽可能多地运用于多种场合。在时装画的表现上，因为职业装的款式相对单一，所以在比例、材质和配件上需要多加考究，使得画面简洁但不单调。

4.2.1　日常职业装的表现

日常职业装一般以小X形、H形和I形等较为内敛的造型为主，不仅要展现出高水平的职业素养，还要表现出女性独特的魅力。局部的褶边、小配饰等的点缀，或者是局部的强调色，都能成为画面中出彩的部分。

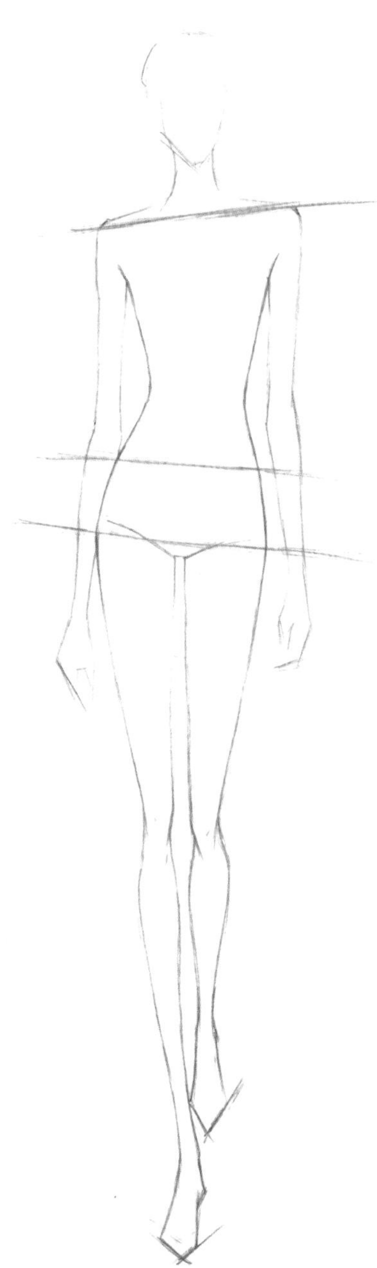

Step01　起草模特的基本动态。

Step02　进行款式的搭配，勾勒出大致轮廓。

Step03　擦除不必要的辅助线，描绘完整的设计造型。

Step04　平铺皮肤的底色。

Step05　描绘皮肤的阴影，表现出面部和五官的立体感。

Step06　进一步加重投影，尤其是帽子在脸部的投影。

Step07　由于服装的整体造型较为低调，因此选择了眼妆和唇妆为对比色的妆容进行搭配。

Step08　绘制帽子的亮部颜色。发型被帽子遮挡，基本处于暗面。

Step09　帽子是丝绒类材质，因此色彩过渡要柔和，边缘要有少许反光。

Step10　绘制帽子暗部的颜色，以表现出立体感。

Step11　绘制丝巾的亮色。

Step12　逐层加深，留出高光部分。

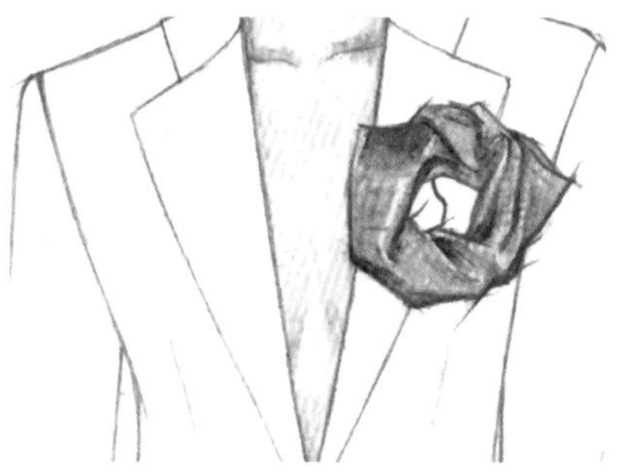

Step13　加重褶皱的阴影，留出反光部分，表现出丝缎的质地。

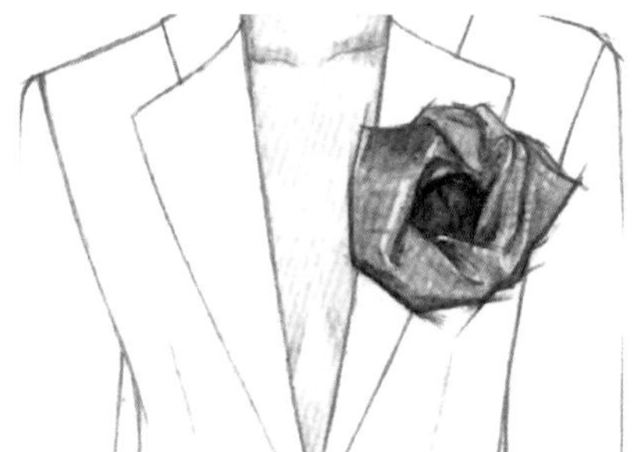

Step14　用另一种颜色描绘丝巾的图案。

Step15　加深中心的阴影，以表现出立体感。

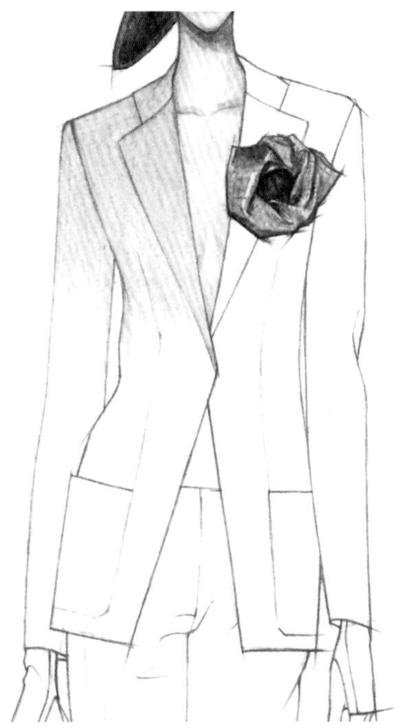

Step16　由上而下平铺上衣底色，注意用笔的方向。

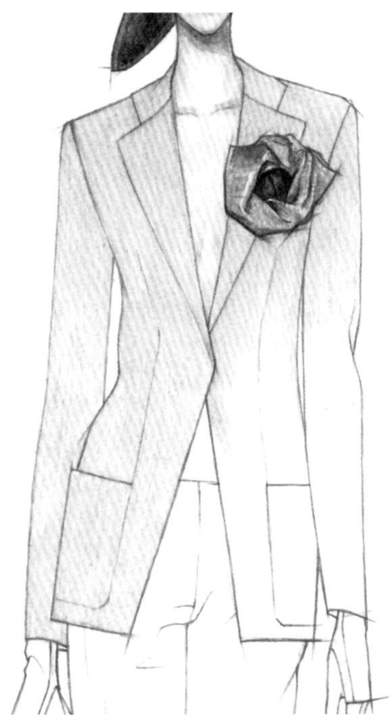

Step17　继续绘制上衣的底色。

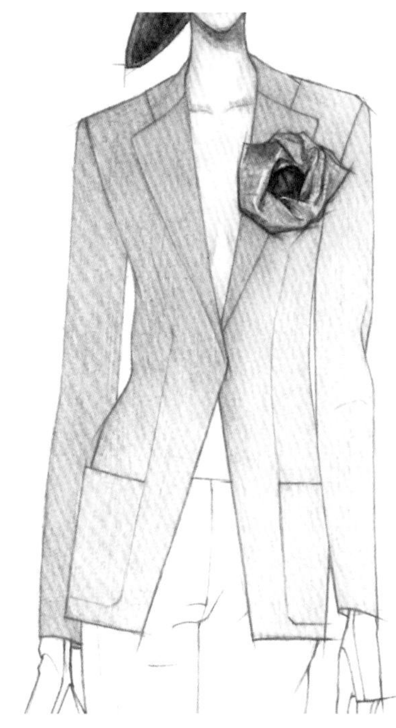

Step18　可根据需要进行多层叠色。

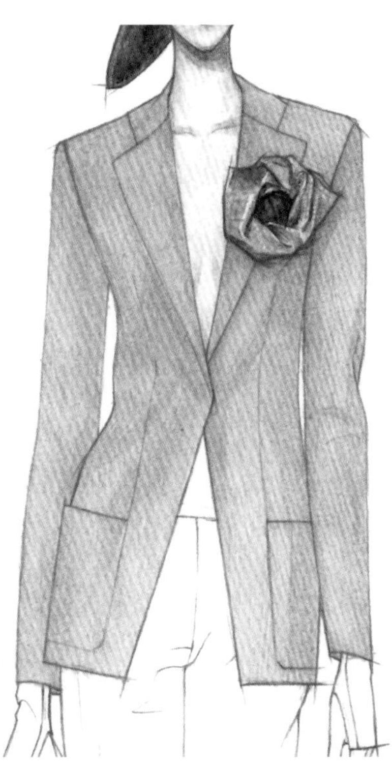

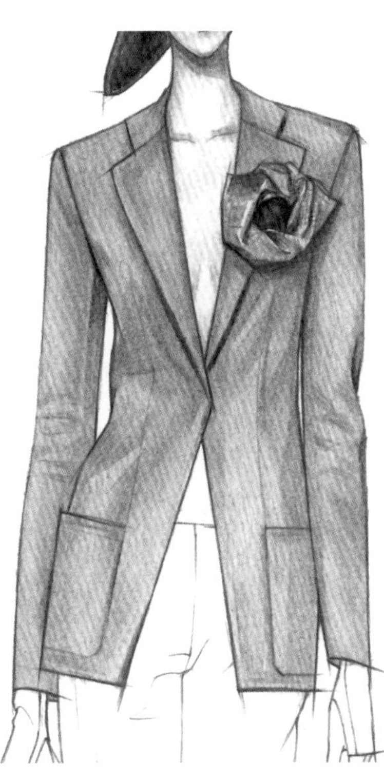

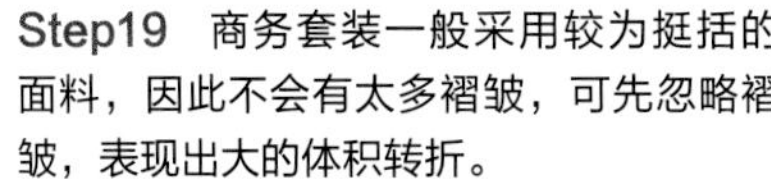

Step19　商务套装一般采用较为挺括的面料，因此不会有太多褶皱，可先忽略褶皱，表现出大的体积转折。

Step20　用更深的颜色绘制外套的明暗关系和褶皱，并强调出服装的结构线。

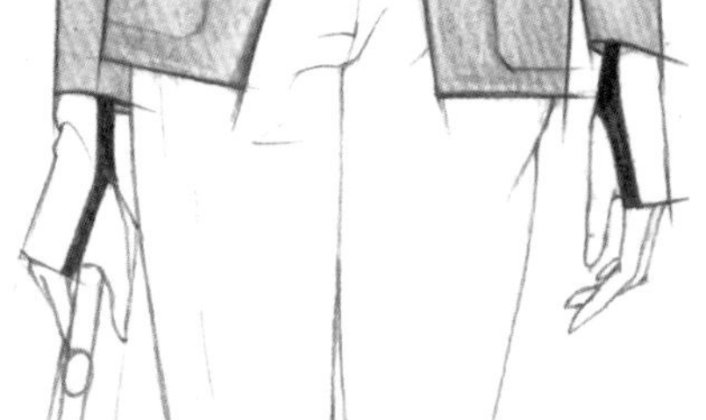

Step21　描绘手套的颜色。

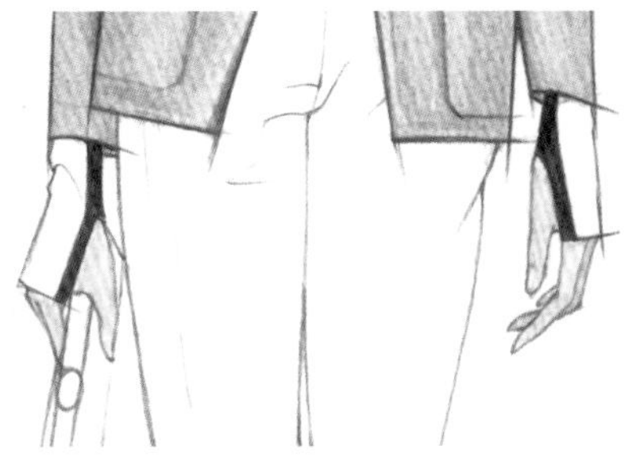

Step22　平铺手部皮肤的亮色。

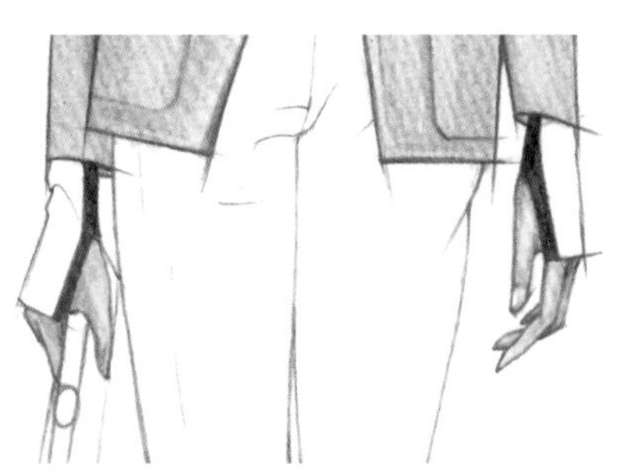

Step23　表现出手部的立体感。

Step24　描绘手套和裤子的浅色部分，因为裤子和手套为相同材料，可以一起绘制。

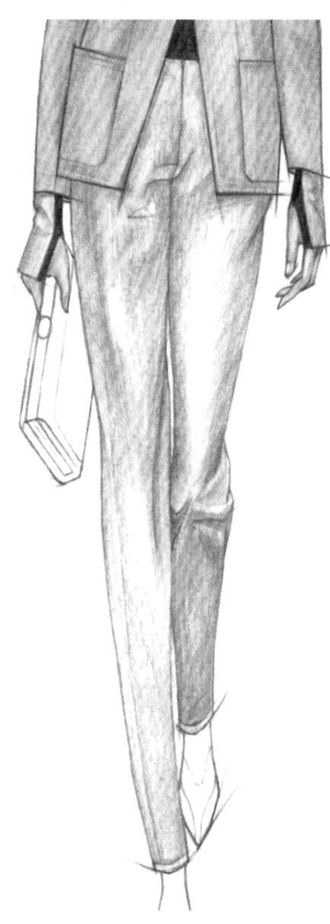

Step25　绘制手套和裤子的暗部，并刻画因走动形成的褶皱。

Step26　绘制人字纹。

Step27　面料的肌理受到褶皱和结构转折的影响，也需要表现出明暗变化。

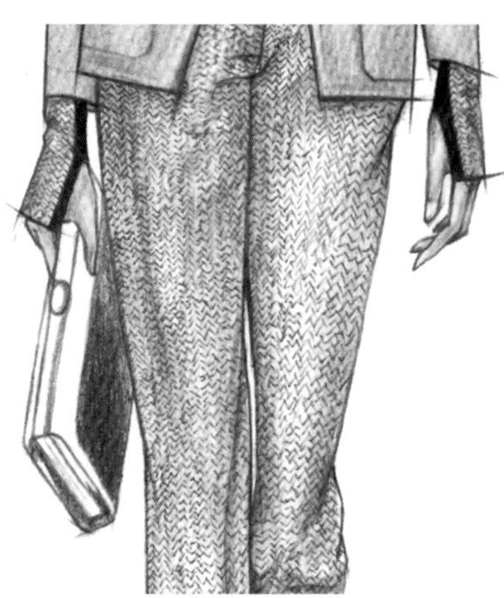

Step28　绘制手包的底色。

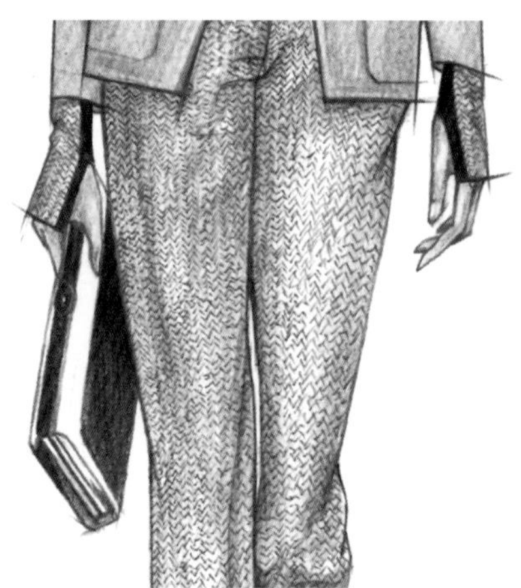

Step29　加重暗部的颜色，勾勒出装饰线。

Step30　绘制手包的花纹，表现出硬朗的质感。

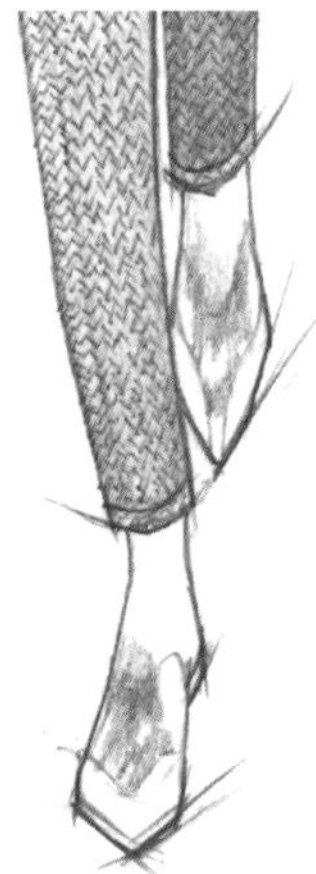

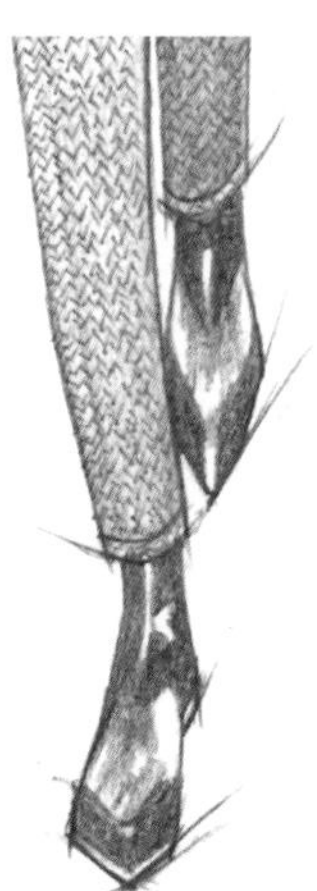

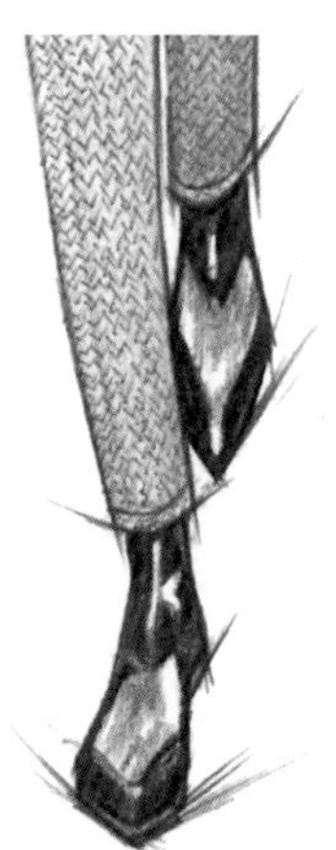

Step31　绘制鞋子的亮面。

Step32　绘制鞋子灰部的颜色，高光处要留白。

Step33　绘制暗部，留出反光，并表现出皮质感。

Step34 调整细节，完成画面。

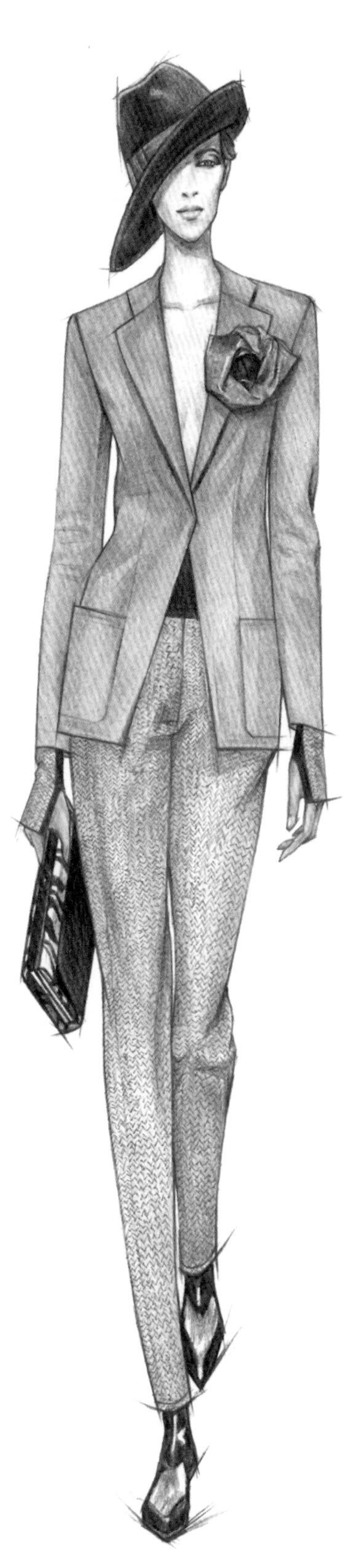

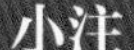

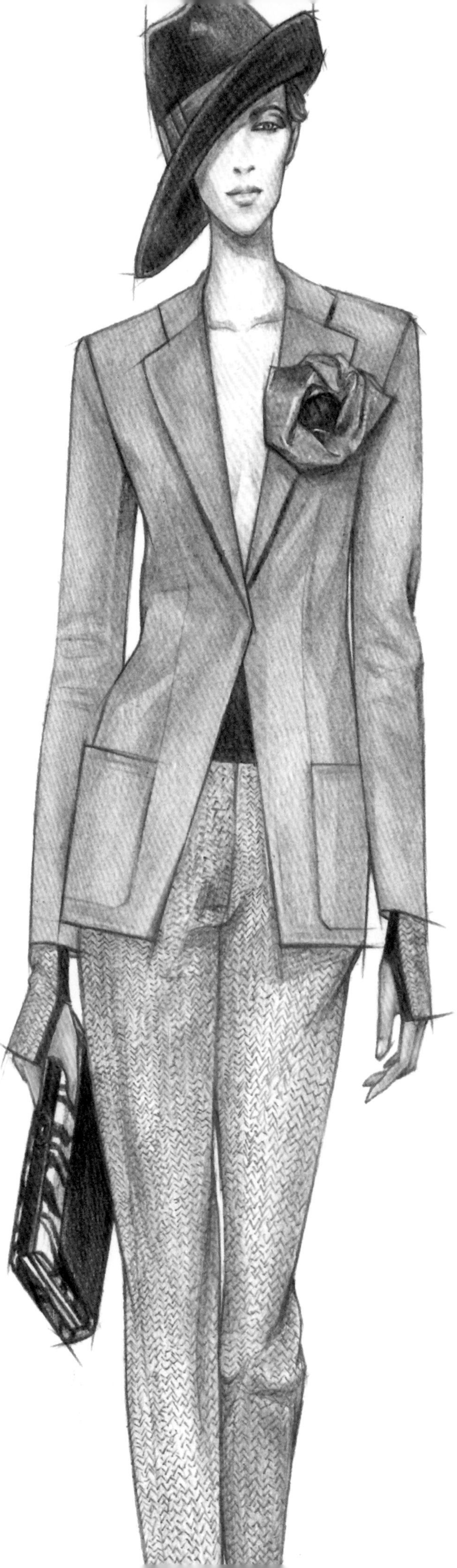

小注

时装造型来自：

Giorgio Armani

4.2.2 休闲职业装的表现

休闲职业装在整体风格上显得更加轻松随意，不论是服装的廓形、款式细节，还是面料肌理和印花，与传统的职业装相比都更加丰富多变，如花式衬衣、大廓形罩衫、针织西装和印花连衣裙等，表现出更强的混搭风格。也有较为简洁的服装款式搭配夸张的服饰配件，起到画龙点睛的作用。

Step01 起草模特的基本动态，注意压肩和提胯的方向不同，使人体产生了相应的韵律感。

Step02 描绘大致的服装造型。案例中表现的是以风衣为主的搭配，因此可以用长直线来表现。

Step03 整理线稿，清除不必要的辅助线。

Step04　平铺脸部皮肤的亮部颜色。

Step05　根据面部转折叠加阴影，塑造脸部的立体感。不要忽略脸部对脖子的投影。

Step06　描绘妆容，使五官更加精致。

Step07　从浅色开始绘制发型，高光处要留白。

Step08　逐层描绘头发的层次，塑造出立体感。

Step09　描绘暗部，勾勒出发丝走向。

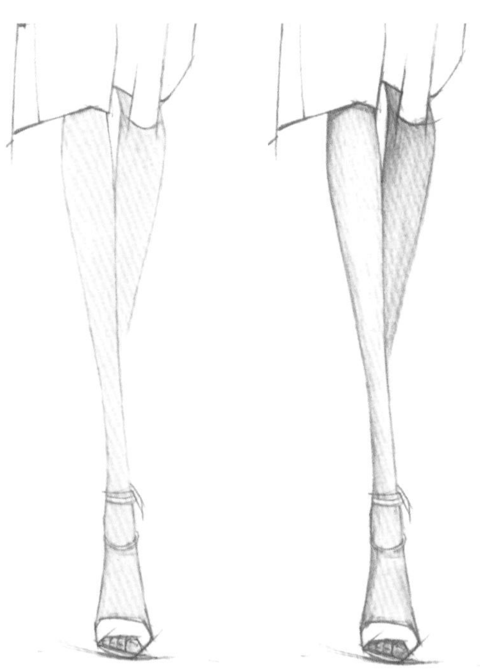

Step10　平铺腿部皮肤的颜色。

Step11　叠加暗部颜色，表现出腿部的立体感。

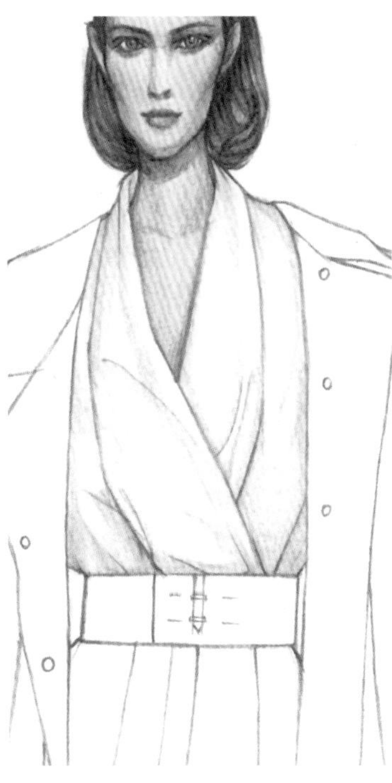

Step12　用油性彩铅勾勒褶皱。

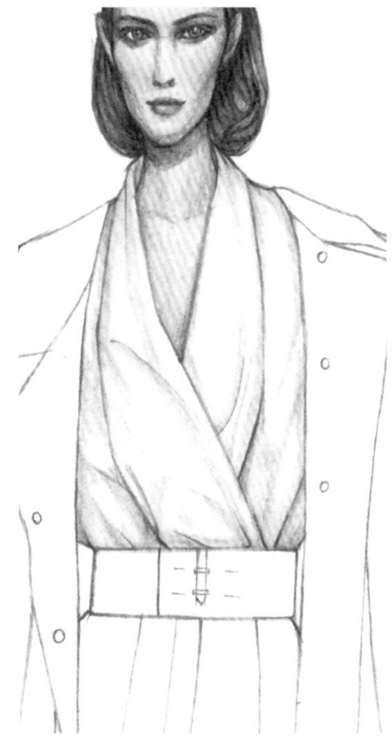

Step13　用马克笔描绘白衬衫上褶皱的明暗关系。

Step14　平铺外套颜色，注意用笔方向。

Step15　可根据颜色需求进行叠色，直至达到预期的效果。

Step16　二次叠色时，要兼顾立体感和褶皱。

Step17　对褶皱进行深入刻画，使其更具立体感。

Step18　完成风衣反面颜色的绘制，包括对褶皱和阴影的表现。

Step19　绘制纽扣，表现出纽扣圆球体般的立体感。

Step20　绘制鞋子亮部的颜色。

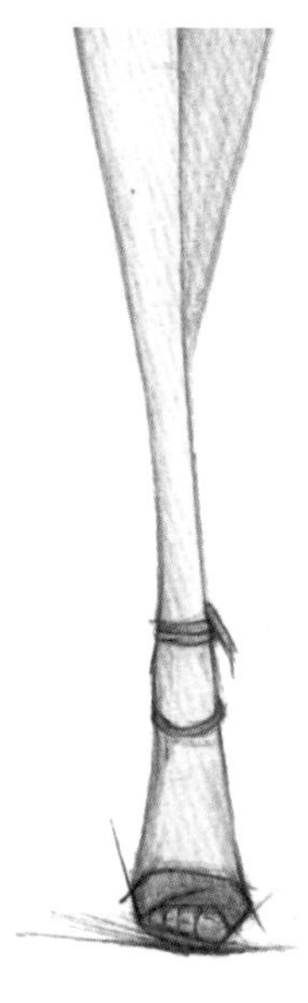

Step21　绘制鞋子的暗部，并勾勒出鞋子的轮廓。

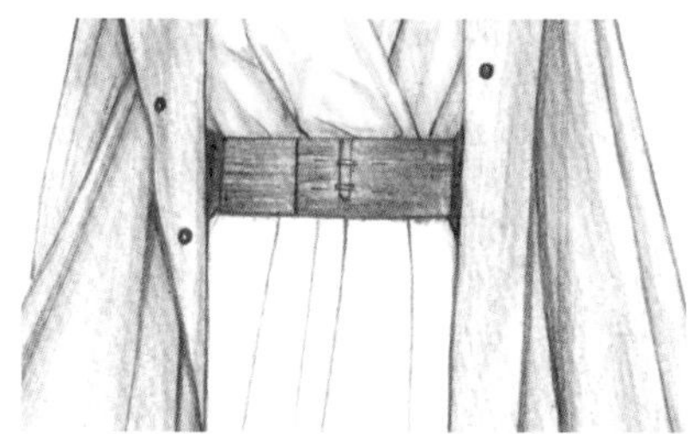

Step22　绘制木材质感的腰带，通过笔触表现出木质纹理。

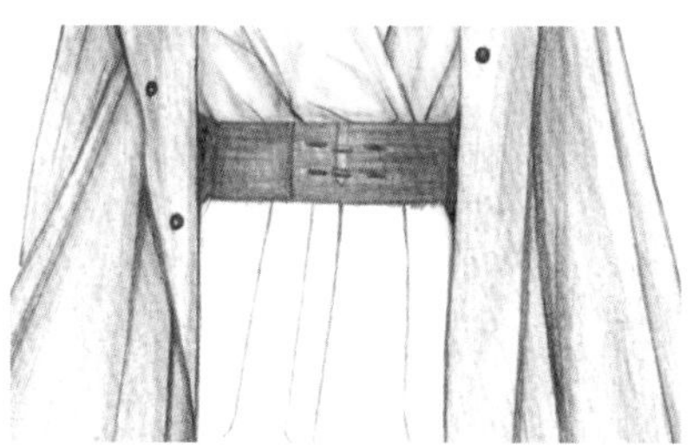

Step23　绘制腰带的暗部和交叠处的阴影，表现出立体感。

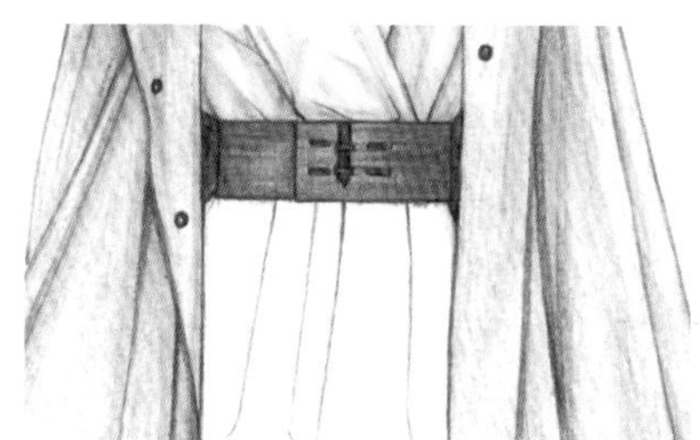

Step24　勾勒腰带的边缘，表现出材质的硬度。

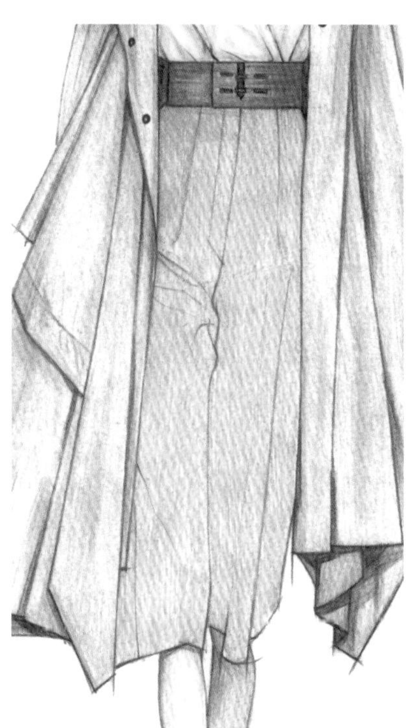

Step25　描绘皮裤。同样从亮色开始铺色。

Step26　绘制皮裤的灰部，表现出大的明暗关系。

Step27　刻画褶皱，留出反光部分。皮革的质感通过对比明显但过渡柔和的明暗关系表现出来。

Step28 调整细节，完成画面。

小注

时装造型来自：
Hermès

4.2.3　个性化职业装的表现

个性化职业装进一步提升了职业装的时尚度，一些时装或实验性服装的设计元素被运用于整体的搭配中，甚至一些应用于特殊场合的小礼服上的元素也涵盖其中，体现出鲜明的风格和强烈的辨识度。

Step01　起草模特的基本动态。

Step02　勾勒服装的大致轮廓，保证服装和人体间有足够的松量。

Step03　整理线条，擦除不必要的辅助线，完成线稿的绘制。

Step04 用彩铅描绘内搭上衣的底色。

Step05 用橡皮擦除部分亮部的颜色来提亮受光面，再叠加暗部，绘制褶皱，表现出脖子圆柱体般的立体感。

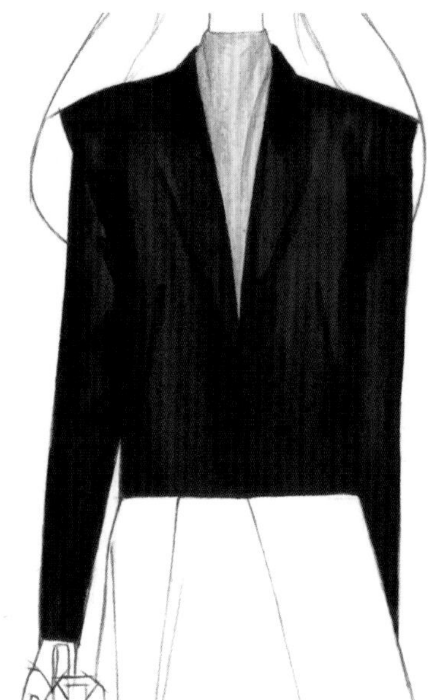

Step06 用马克笔绘制外套的底色，根据人体的结构表现出立体感。

Step07 用黑色水溶性彩铅描绘外套暗部和裁片拼接处的投影，翻领的拼色部分也要进行强调。

Step08 用白色彩铅提亮高光，表现出缎面质感，并刻画领子的翻折效果和口袋等细节。

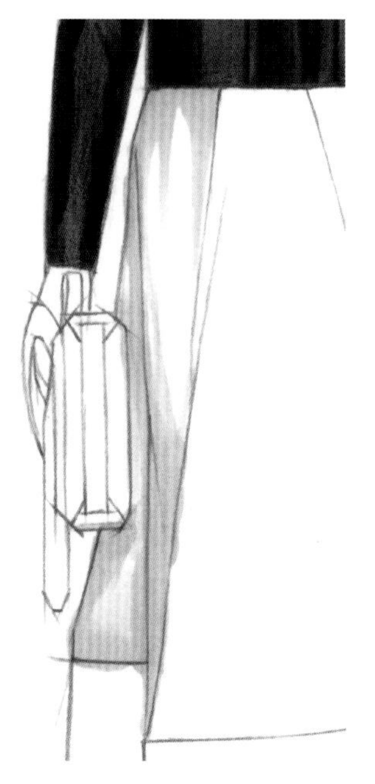

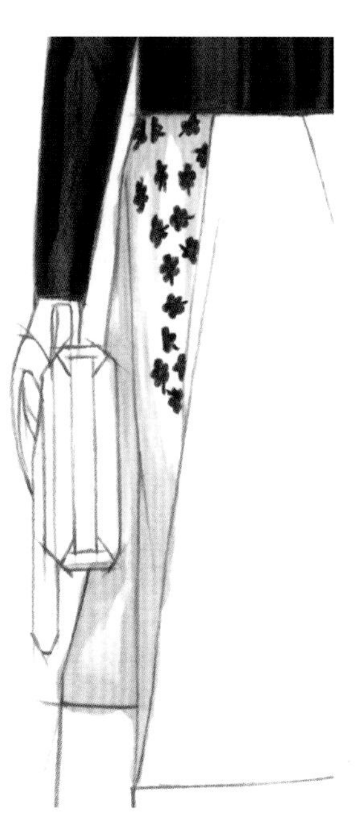

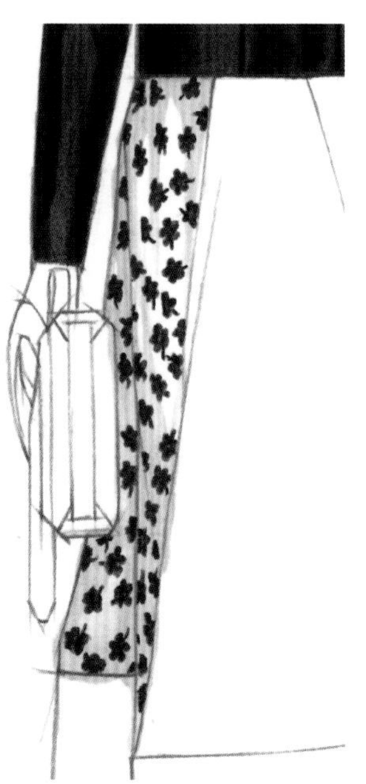

Step09 绘制印花面料。先用马克笔绘制出褶皱的明暗效果。

Step10 用色粉彩铅绘制印花图案。

Step11 印花图案绘制完成。注意褶皱的起伏对图案的影响。

Step12　绘制第二种印花图案。仍然先用马克笔表现出面料的明暗和褶皱起伏。

Step13　用色粉彩铅绘制小碎花图案，注意图案的间隙和分布。

Step14　第二种印花图案绘制完成。

Step15　用色粉彩铅混色来绘制裙摆的底色。

Step16　向同一方向用笔，完成底色的绘制。

Step17　用纸擦笔将色粉的粉末推开，表现出面料细腻柔和的质感。

Step18　用油性彩铅描绘褶皱的阴影，表现出立体感。

Step19　描绘装饰缝线。装饰缝线的间距相等，并和拼缝线保持水平。

Step20 绘制帽子的拼接部分和帽带的底色。

Step21 叠加帽带和拼接部分的阴影，以增强立体感。平铺出帽子的主体色。

Step22 添加明暗效果，表现出帽子材料的肌理感。帽檐上的褶线会影响光影的变化，帽子的边缘要表现出厚度。

Step23 添加帽檐内侧的阴影，表现出前后的层次感和空间感。

Step24 绘制皮肤的颜色，面部要表现出宽帽檐的阴影。

Step25 绘制头发的底色，顺着发丝的走向用笔。

Step26 用深褐色加深头发的暗部，表现出每缕头发的形态，体现头发的层次感。

Step27　绘制鞋面，表现出镂空图案，添加阴影绘制出立体感。

Step28　填充镂空图案的底色，适当强调鞋面镂空处的投影。

Step29　用马克笔点缀表面图案并绘制鞋内侧的颜色。

Step30　绘制手包。用马克笔铺色并塑造出立体感，手包呈立方体状，明暗面的转折要明显。

Step31　分别用黑、白色彩铅加深暗部和提亮高光，描绘出皮革的反光质感。

Step32　绘制脚部皮肤的颜色。整理细节，完成画面。

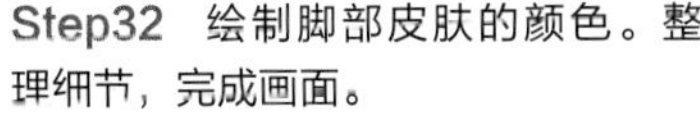

小注

时装造型来自：
Hermès

4.3 休闲装的表现

休闲装通常是设计师可以最大限度发挥想象力的服装类型，前卫的、个性化的元素在这类服装中的应用极为广泛。时尚元素的快速更迭也使得这类服装演变出令人眼花缭乱的风格。不论休闲装带给你怎样天马行空的想象，作为时装设计师，还是需要考虑一件或是一套服装的整体效果，考虑最吸引人注意力的设计重心，而不是将各种设计元素胡乱地堆在一起。

4.3.1 街头休闲装的表现

街头休闲装融合了相当多诸如涂鸦、街舞等青年文化的元素，款式以宽松样式为主。在绘制时装画时，越是宽松的服装越要把握好人体的结构，不能因为服装宽松而忽略关键的结构支撑点，使人物的造型扭曲变形。

Step01 起草模特的基本动态，保持重心稳定。

Step02 勾勒服装的大致轮廓，注意服装和人体的空间关系。

Step03 整理线条，擦除不必要的辅助线，完成线稿的绘制。

Step04　平铺皮肤的颜色。

Step05　绘制面部的阴影，表现出头部的立体感。

Step06　进一步加重面部和五官的阴影，表现出较强的光影感。

Step07　绘制眼珠，瞳孔要留出高光部分。添加妆容，色彩不要太鲜明。绘制头发亮部的颜色，同样留白高光部分。

Step08　按照发丝的走向丰富头发的层次。

Step09　绘制头发的暗部以表现头部的立体感。注意加深头发遮挡脸部而产生的阴影。

Step10　平铺上衣的底色，注意笔触的方向。

Step11　可根据需要进行二次叠色，整理出上衣的褶皱。

Step12　丰富颜色层次，刻画细小的褶皱。绘制手臂和腰部皮肤的颜色。

Step13 从上到下开始平铺裤子的底色，注意用笔的方向。

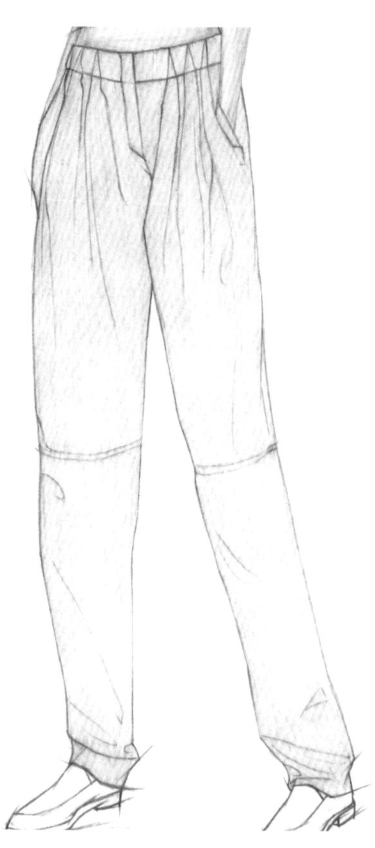

Step14 平铺完成。由于裤子的面积较大，在平铺底色时要尽量保证颜色均匀。

Step15 开始绘制裤子的褶皱。裤子的材质有一定的光泽感，因此褶皱的形状较为鲜明。

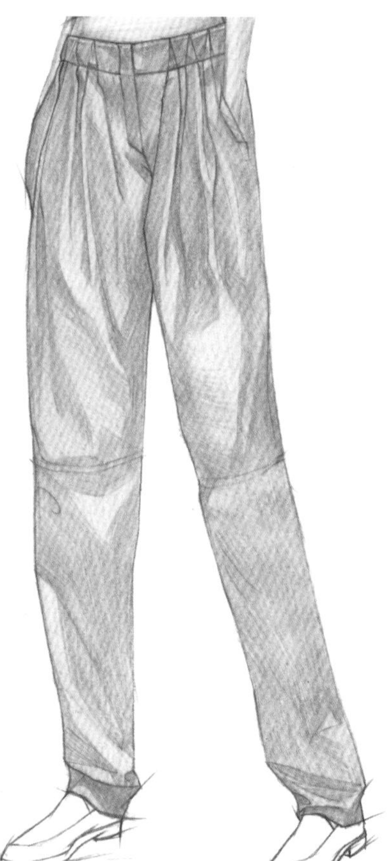

Step16 因为材质的缘故裤子的褶皱繁多，在绘制时要注意梳理。

Step17 加重褶皱暗部的颜色及阴影，表现出褶皱的立体感。

Step18 完成所有褶皱的绘制，进一步强调褶皱的明暗对比。

小注

时装造型来自：

Alexander Wang

Step19　加重裤子的接缝处和褶皱的阴影，强调出工艺细节。

Step20　绘制鞋面。注意皮质鞋面的光泽度。

Step21　绘制鞋底亮部的颜色。

Step22　绘制鞋底的暗部，要表现出鞋底的厚度。

Step23　调整细节，完成画面。

4.3.2 运动休闲装的表现

时至今日，运动装早已脱离了单纯的功能性，成为时尚的代名词之一。很多传统的运动装品牌纷纷与前卫设计师合作，推出新的产品；而在很多奢侈品品牌的发布会中，运动装的身影也不少见。当运动成为一种时尚的生活方式，运动元素和印花、解构等设计手法一样，在设计师的手中焕发出新的光彩。

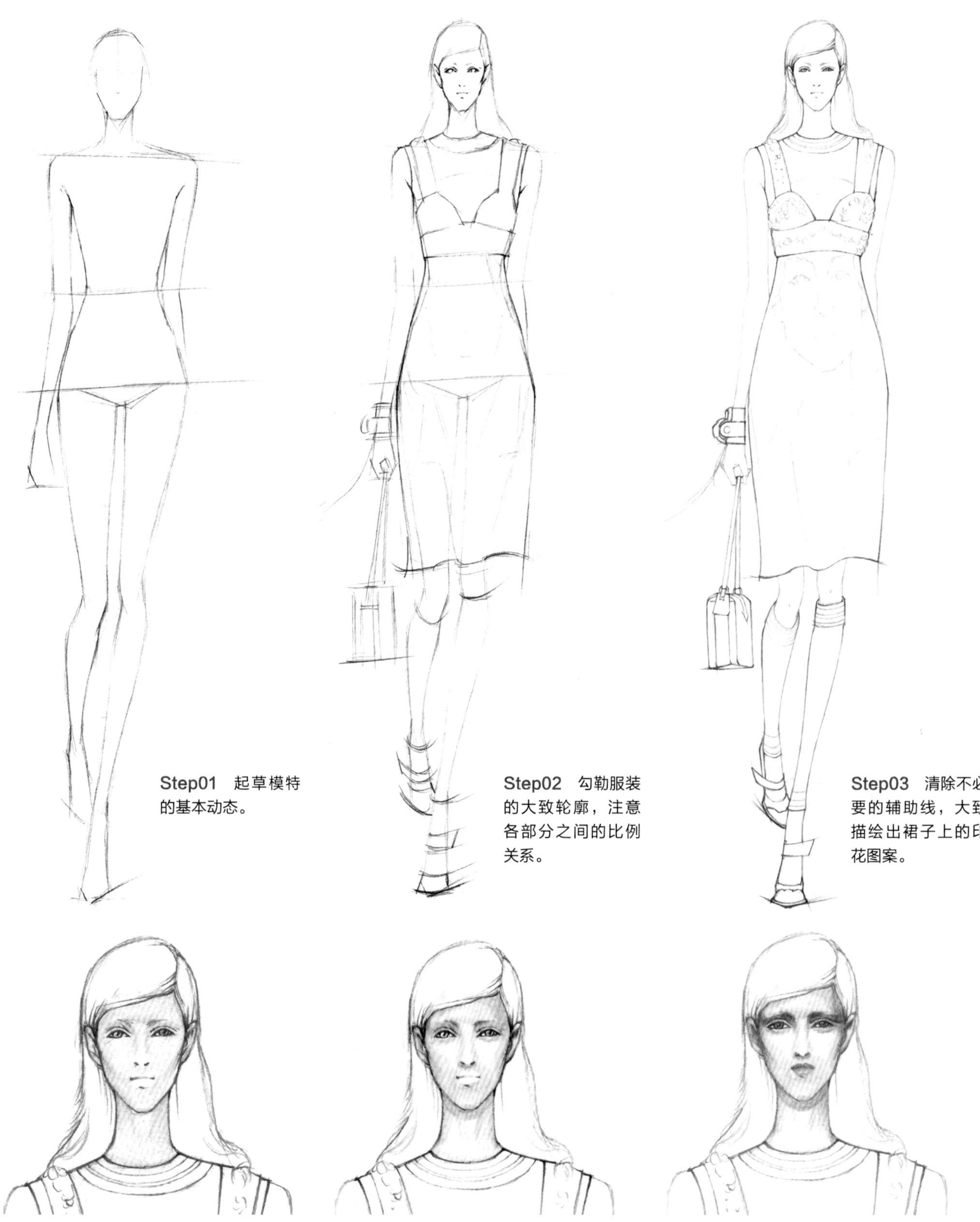

Step01　起草模特的基本动态。

Step02　勾勒服装的大致轮廓，注意各部分之间的比例关系。

Step03　清除不必要的辅助线，大致描绘出裙子上的印花图案。

Step04　从脸部开始，绘制亮部的颜色。

Step05　绘制脸部的阴影，塑造脸部的立体感。

Step06　绘制脸部的妆容。眼妆与唇妆的颜色要互相呼应。

Step07　绘制头发的亮色部分，要画出渐变过渡，高光处要留白。

Step08　绘制头发的中间色调。

Step09　绘制头发的深色部分，顺着发丝的走向勾勒，表现出头部的立体感。

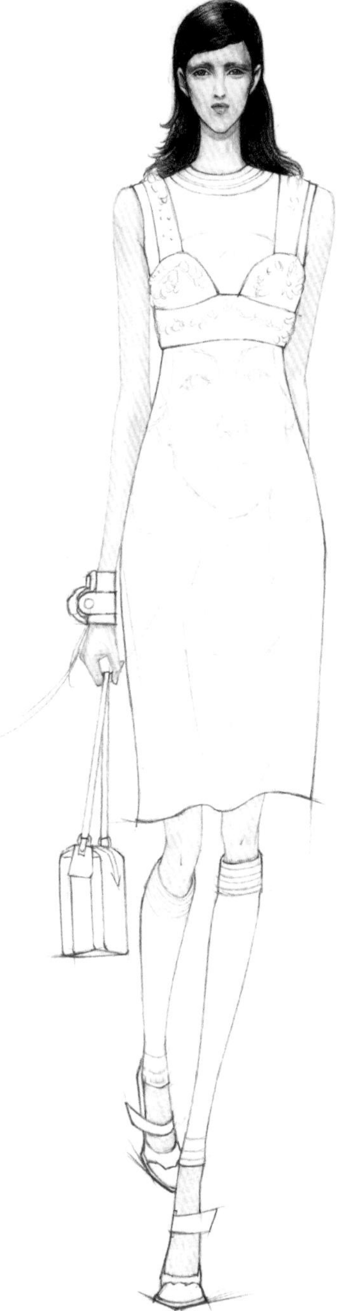

Step10　绘制肢体皮肤的颜色。

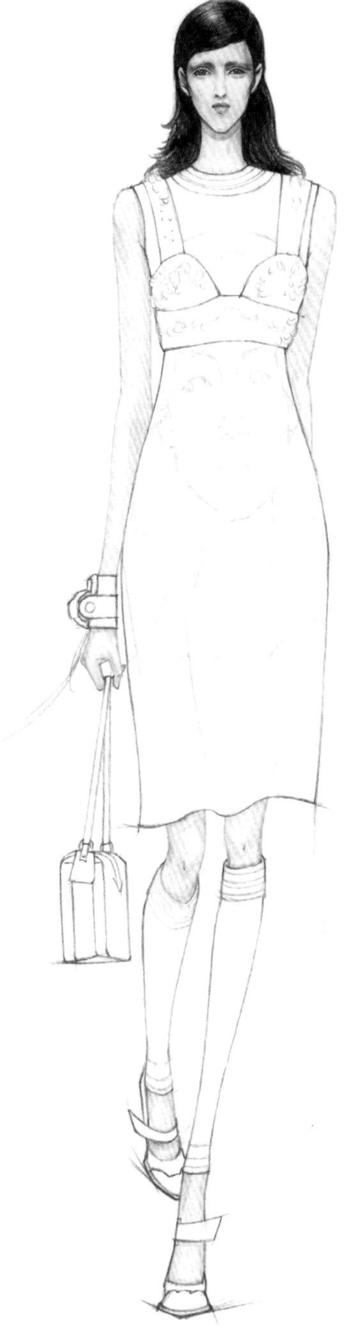

Step11　添加阴影，体现皮肤的立体效果。

Step12　绘制连衣裙领口及袖口处的拼接装饰边。

Step13　绘制装饰边的另一种颜色。

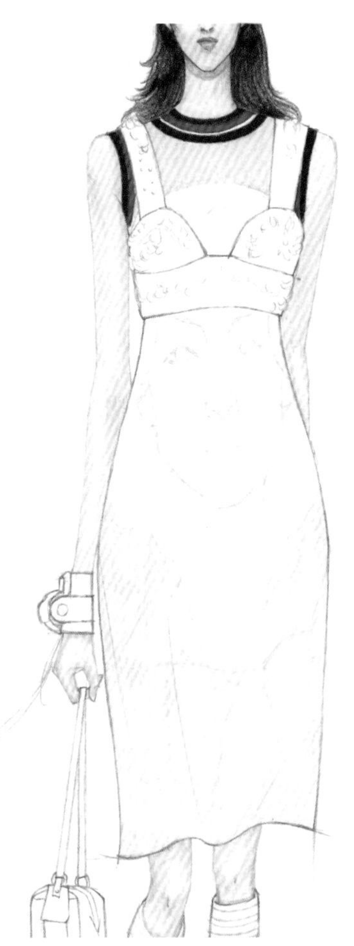

Step14　绘制连衣裙的印花，从最浅的颜色开始。

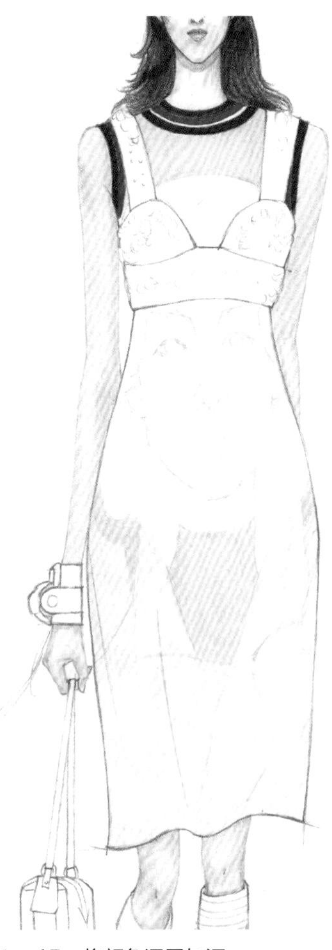

Step15　将颜色逐层加深。

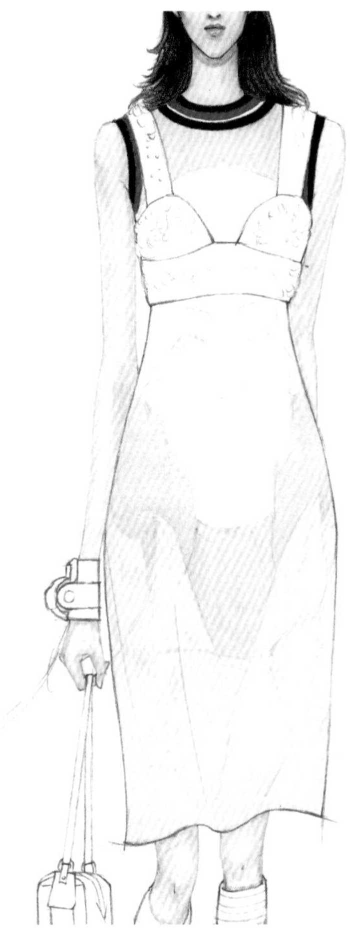

Step16　绘制另外几种浅色。

Step17　绘制前胸印花图案的底色和裙摆上人物图案的五官。

Step18　绘制前胸印花图案的细节纹理。逐层加深裙摆上人物图案的颜色，使颜色越来越丰富，表现出立体感。

Step19　按照印花图案勾勒边缘线条。

Step20　进一步丰富图案的细节层次。绘制裙子的褶皱，印花图案因受到褶皱的影响，会产生起伏。

Step21　绘制上衣马甲，勾勒出珠片的位置。

Step22　描绘珠片亮部的颜色。

Step23　表现出珠片的层叠效果，进一步塑造珠片的形状。

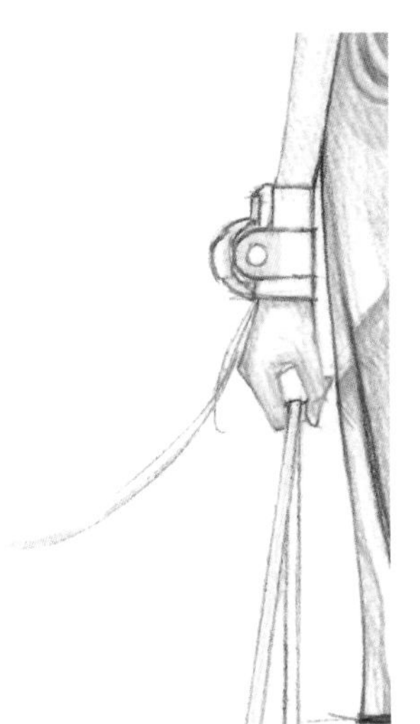

Step24　绘制手镯，从主体亮色开始。

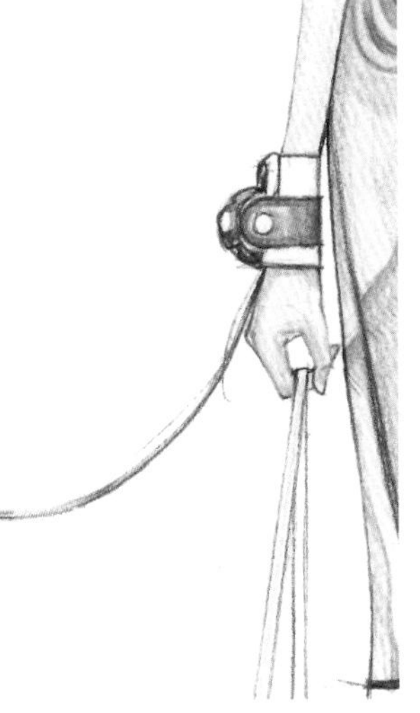

Step25　通过立面的厚度表现出手镯的硬朗质感。

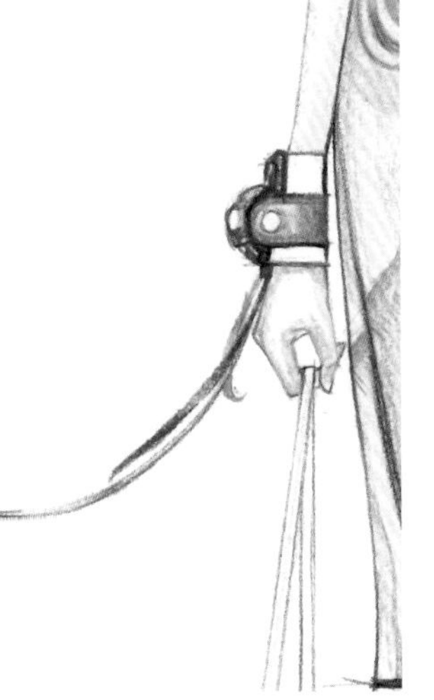

Step26　描绘手镯其他配件的颜色。

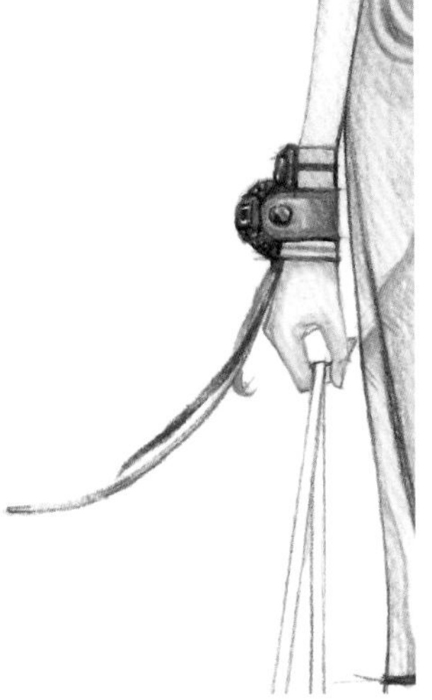

Step27　加深阴影，表现出立体感，并刻画扣件等细节。

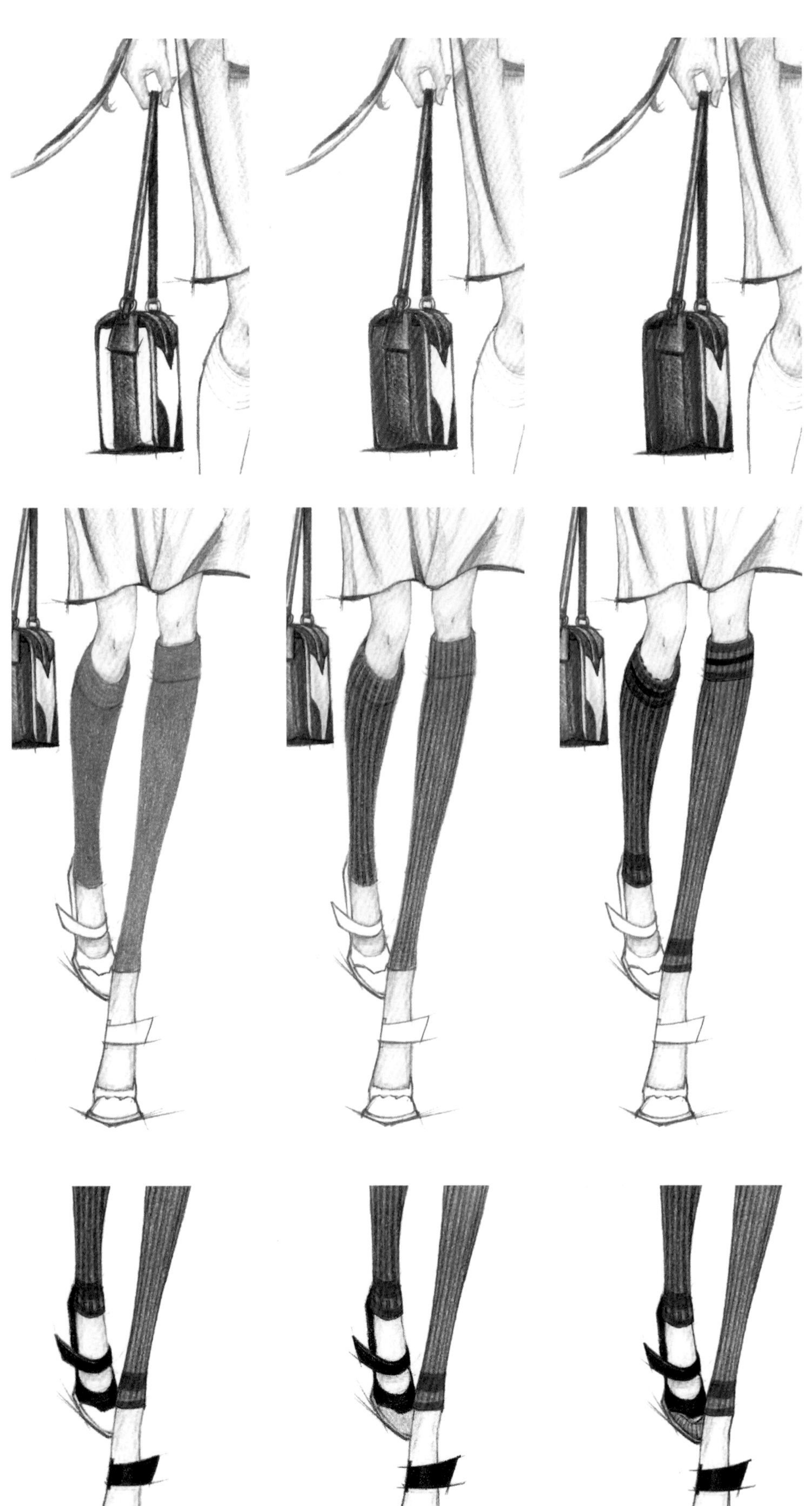

Step28 绘制手袋，通过留白和高光来表现皮革的质感。

Step29 描绘手袋拼接处。

Step30 刻画手袋的扣环和接缝，描绘白色图案的暗部，进一步表现出手袋的立体感。

Step31 平铺袜子的底色。

Step32 描绘袜子上针织物特有的凹凸肌理。

Step33 绘制袜子上横向的装饰条纹。

Step34 绘制鞋子的黑色拼接部分，这部分有麂皮质感，颜色过渡较为柔和。

Step35 平铺鞋面的底色。

Step36 描绘鞋面凹凸的立体感。这部分为塑料材质，有一定的反光性。

Step37 调整细节，完成画面。

小注

时装造型来自：
Prada

4.3.3 民族风休闲装的表现

不同的地域环境、气候和生活方式，孕育了不同的民族，这些民族的历史、文化、社会风貌都在服装上集中地体现出来，使得民族服饰风格多样，而且具有鲜明的个性，不论是绚丽的图案、肌理丰富的手工织物，还是别具一格的穿搭方式或具有内涵的特殊装饰，都给当代的服装设计师提供了源源不断的设计灵感。

近年来，国际T台上越来越多地出现民族风服装的身影，这是民族自信的表现。和复古风格一样，民族风服饰不能原封不动地照搬传统民族服饰，而是要应用现代化的设计手段和设计语言，使服装能符合当下的生活方式，满足审美需求。

Step01 起草适合展现服装造型的人体模特动态。

Step02 描绘服装和配饰的大致轮廓，注意服装和人体间的松量。

Step03 擦除辅助线，绘制发型、配饰等细节，勾勒出完整的线稿。

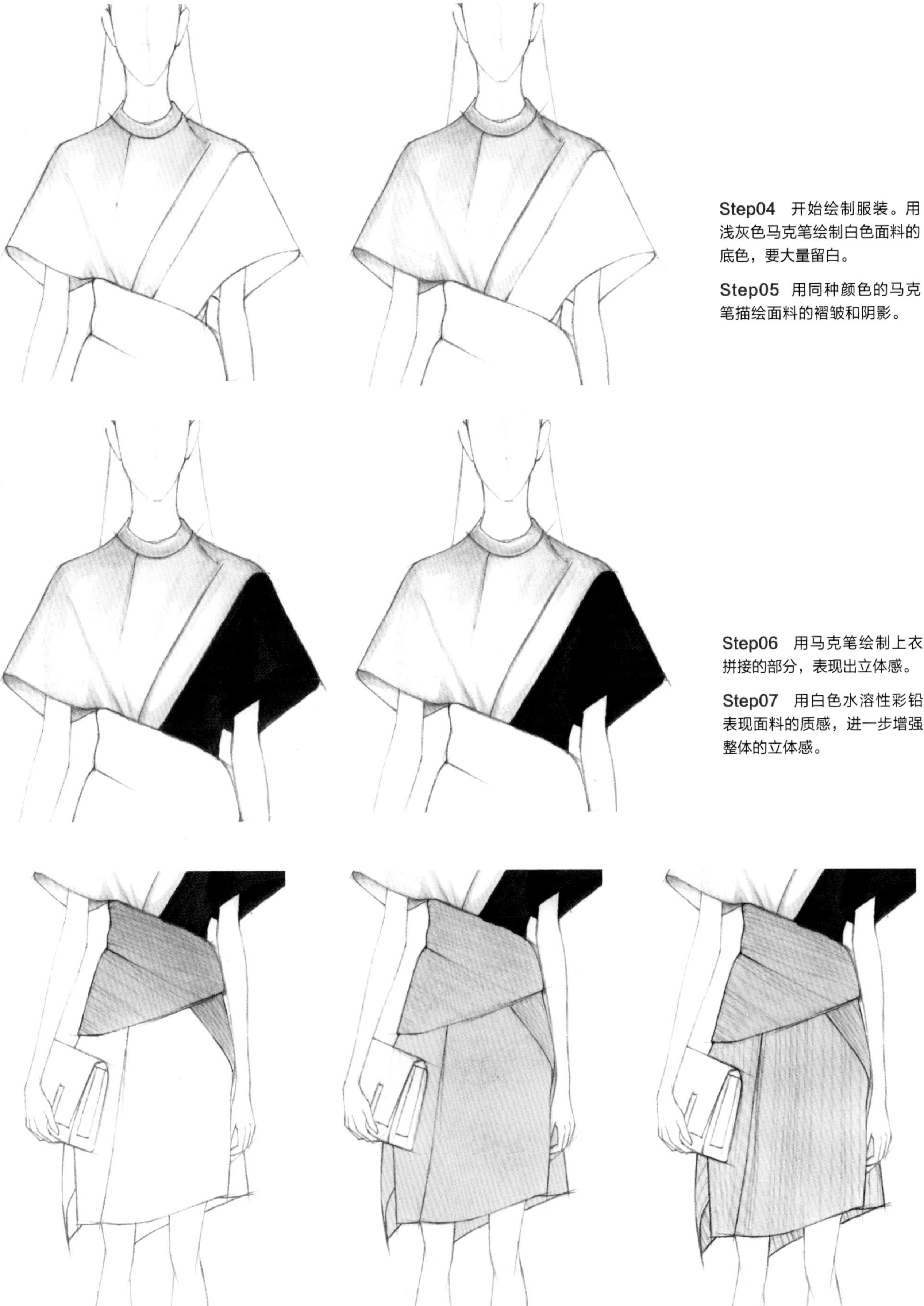

Step04　开始绘制服装。用浅灰色马克笔绘制白色面料的底色，要大量留白。

Step05　用同种颜色的马克笔描绘面料的褶皱和阴影。

Step06　用马克笔绘制上衣拼接的部分，表现出立体感。

Step07　用白色水溶性彩铅表现面料的质感，进一步增强整体的立体感。

Step08　用马克笔平铺裙子底色并勾勒出条纹印花的走向。

Step09　继续完成裙子亮色部分的铺色。

Step10　按照纱的走向勾勒其他条纹。

Step11 描绘浅色的宽条纹图案。

Step12 描绘深色的不规则条纹图案，条纹的宽窄和间距呈现出较强的节奏感。

Step13 用同样的方法描绘所有条纹并保持边缘的整齐。可先用水溶性彩铅干画，再进行水溶。

Step14 完成条纹的绘制。条纹会受到褶皱的影响出现起伏。

Step15　用色粉彩铅绘制手包的颜色，并用纸擦笔将色粉推开。

Step16　添加手包的细节，进一步塑造手包的立体感。

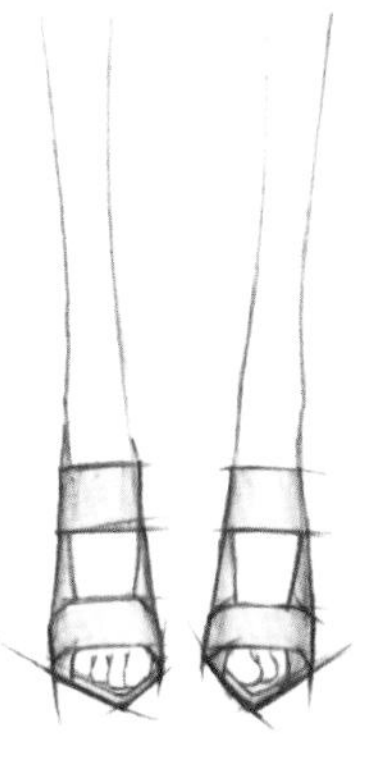

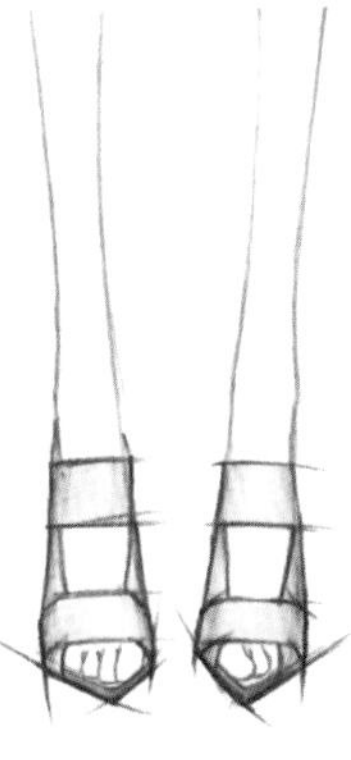

Step17　绘制鞋面的颜色，受光处留白，表现出圆柱体一般的体积感。

Step18　绘制鞋底的颜色，进一步增强鞋子的明暗对比，增加立体感。

Step19　完善画面细节，完成整体造型的绘制。

小注

时装造型来自：

Proenza Schouler

4.4 童装的表现

在过去的几年中，童装市场的发展十分迅猛，但是童装的设计却有着诸多的限制。除去面料和工艺上的安全性，童装设计还需要考虑儿童快速成长的身体以及不同于成人的生活方式，甚至还要满足儿童和家长两方面的审美需求。总体来说，童装应符合儿童天真可爱的特质，呈现出轻松活泼的特点。

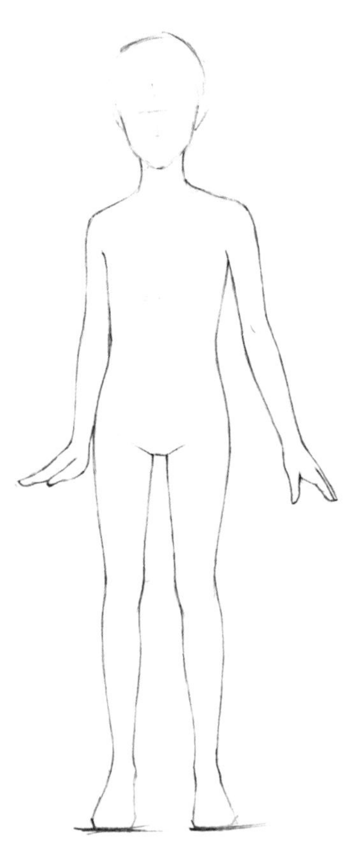

Step01 起草模特的基本动态。儿童的头部应占据较大的比例，身体也应描绘得较为圆润。

Step02 勾勒出服装的大致轮廓。

Step03 擦除不必要的辅助线，完成线稿的绘制。

Step04 描绘皮肤的颜色，可以选择比成人皮肤颜色更浅的色号。儿童脸部的骨骼感并不明显，明暗的过渡要更加柔和。

Step05 绘制五官。相较于成人面部五官的比例，儿童的眼睛更大，鼻子和嘴小巧，应表现出可爱的感觉。

Step06　从亮部开始绘制头发，高光处要留白。

Step07　绘制头发的中间色。案例表现的是波浪卷发，因此对波浪的立体感和层次感要尤其重视。

Step08　绘制头发的阴影，表现出立体感，并勾勒出发丝的走向。

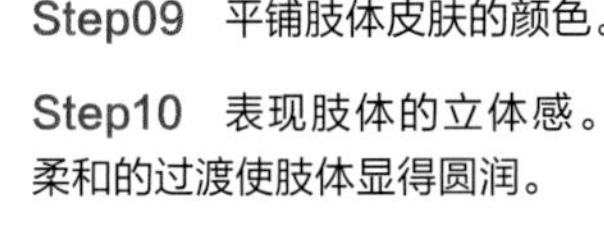

Step09　平铺肢体皮肤的颜色。

Step10　表现肢体的立体感。同样通过柔和的过渡使肢体显得圆润。

Step11　平铺衬衣的亮色部分。

Step12　可根据需求再次叠色。

Step13　描绘上衣的褶皱，表现出身体的体积感。

Step14　绘制蝴蝶结腰带。

Step15　平铺印花裙子的亮色部分。

Step16　可根据需要进行二次叠色。

Step17　绘制第一层印花图案，印花图案应随着裙褶的高低起伏而有变化。

Step18　绘制第二层印花图案，两层图案的间距保持一致。

Step19　绘制第三层印花图案，图案的宽窄和花纹要有所变化。

Step20　绘制第四层印花图案，注意色彩的搭配。

Step21　绘制第五层印花图案，完成印花图案的绘制。

Step22　绘制裙子的暗部和褶皱，表现出立体感。

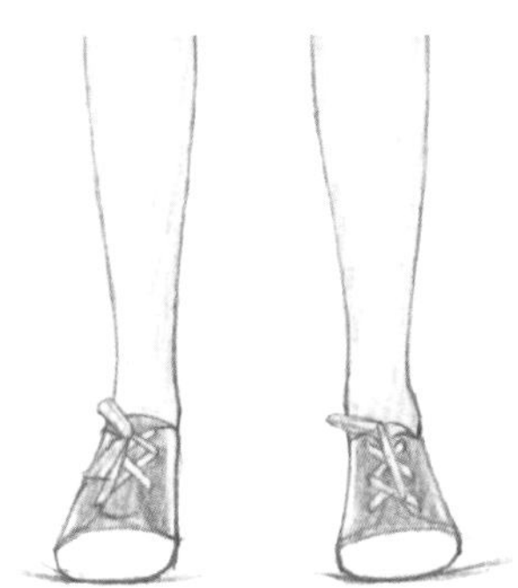

Step23　绘制鞋子的亮色部分。

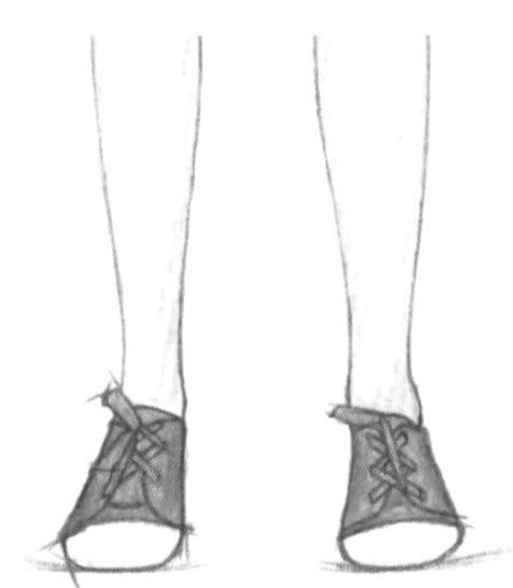

Step24　叠加鞋子暗部的颜色。

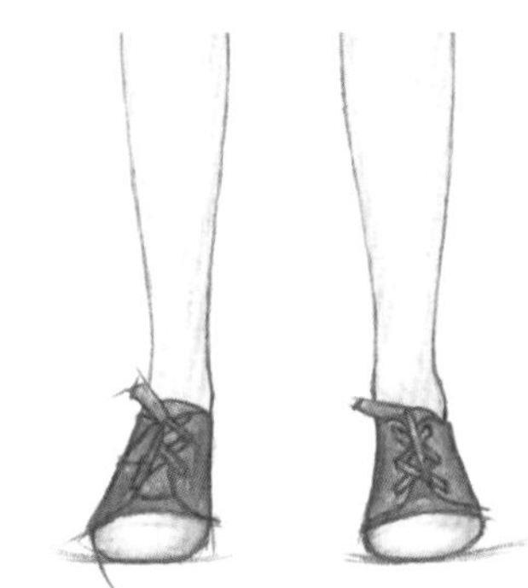

Step25　勾勒鞋子的边缘轮廓。

Step26　完善画面细节，完成绘制。

附录 | 彩铅时装画范例临本

ARTIFICIALLY FLAVORED
HS IS THE NEW

1970